In Fortsetzung unserer Buchreihe haben wir dieses Jahr das wichtigste Alltagsthema „Wetter und Klima“ ausgesucht. Nur wenige Themen bewegen uns so stark wie „Wetterereignisse“ oder „Klimawandel“. Seit besorgte Wissenschaftler vor einer drohenden Klimaerwärmung warnen, beschäftigen Szenarien über den Ablauf der Klimaveränderung und ihrer Folgen die Öffentlichkeit. Sie haben unserer individuellen Wettererfahrung einen noch wichtigeren Stellenwert in unserer Alltagswahrnehmung, in unseren Gesprächen aber auch möglichen Lebensängsten gegeben. Es mag daher nicht allzu sehr verwundern, dass das Verständnis davon wie das Klima zu verstehen und zu erklären ist, je nach Religion, Bildung und sozialer Zugehörigkeit variiert.
So erinnern wir uns dieses Jahr an das heiße und wechselhafte Sommerwetter, welches auch zu einem erhöhten Bedarf an unseren KORODIN Herz-Kreislauf-Tropfen führte. Deshalb möchten wir Ihnen dieses an manchen Stellen akademische Buch vorlegen und hoffen, dass Sie so manches Wissenswerte und Nützliche diesem Büchlein entnehmen können.
Unser Dank geht mit diesem Buchpräsent an Sie für Ihr langjähriges Vertrauen und Anerkennung. Es schließt auch unsere Bitte mit ein, unsere Präparate aus hochwertigen pflanzlichen Arzneimitteln für Ihre Patienten bereitzustellen und zum Selbstkauf in der Apotheke zu empfehlen. Damit können Sie auch bei neuen Gesundheitsgesetzen erfolgreich behandeln und das Vertrauen der Patienten in Ihre Therapie bestätigen.
Wir erlauben uns den höflichen Hinweis, dass wir zusammen mit unserem Partner der Firma Schaper & Brümmer-Salzgitter, einem ebenfalls unabhängigen mittelständischen Familienbetrieb und Hersteller hochwertiger pflanzlicher Präparate in der ärztlichen Beratung kooperieren.

Ihre
ROBUGEN GMBH
PHARMAZEUTISCHE FABRIK
ESSLINGEN/N.

Über die Autoren:
Nico Stehr – vom Bodensee stammend, ist Professor für Soziologie an der Universität in Vancouver (Kanada).
Hans von Storch ist Direktor am Institut für Gewässerphysik und Professor am Institut für Meteorologie der Universität Hamburg.

NICO STEHR/HANS von STORCH

ÜBER KLIMA, WETTER, MENSCH

ROBUGEN GMBH
PHARMAZEUTISCHE FABRIK
ESSLINGEN/NECKAR

Veröffentlicht im Verlag C. H. Beck oHG, München 1999
Gesamtherstellung: Druckerei C. H. Beck, Nördlingen
Umschlagentwurf: Uwe Göbel, München
Printed in Germany 2003
für ROBUGEN GmbH
Pharmazeutische Fabrik
73730 Esslingen/Neckar, Alleenstraße 22–26
ISBN 3 406 44613 2

Inhalt

1. Überblick und Danksagung

Das natürliche Klima schafft eine der wichtigsten Rahmenbedingungen für unsere Existenz. Schon deshalb ist es seit Jahrhunderten eines der wichtigsten Themen menschlicher Reflexion. Immer wieder wurde die Erkenntnis verkündet, daß Klima nicht nur Grundlage der menschlichen Zivilisation sei, sondern ihre besonderen Formen, Erfolge oder Zurückgebliebenheit bedinge. Der Mensch sei deshalb je nach Klimaregion benachteiligt oder begünstigt. Allerdings ist der Mensch nicht nur ein durch Klima bestimmtes Geschöpf, und Klima ist nicht nur ein Objekt menschlicher Reflexion, sondern Klima ist auch Ergebnis menschlichen Handelns, wie wir in jüngster Zeit zunehmend feststellen.

Die Diskussion über eine vom Menschen verursachte globale Klimaveränderung wird zunehmend intensiver und kontroverser. In diesem Zusammenhang wird der Begriff „Treibhauseffekt" heute von fast jedermann verstanden. Ein amerikanischer Kongreßabgeordneter erklärt, die Klimaerwärmung sei *„die größte Gefahr für unseren Planeten"*. In einer vom Gallup-Institut durchgeführten Untersuchung steht die globale Klimaveränderung in der Rangliste der von der Öffentlichkeit in den Industrienationen aufgeführten Umweltgefahren an erster Stelle. Wissenschaftler zeigen sich sehr beunruhigt, appellieren zum Teil direkt an die Öffentlichkeit und warnen vor einer bevorstehenden Klimakatastrophe. In diesem Buch werden diese Thesen und Kontroversen aufgenommen und diskutiert. Außerdem werden auch die Grundlagen, die Voraussetzungen und unser Wissen über diese Fragen erörtert.

Als Einführung dient ein kurzer Überblick der wichtigen Themen dieses Buches sowie der hier gewählte Zugang zum Gegenstand „Klima und Gesellschaft".

Klima ist – wieder – ein Thema vieler gesellschaftlicher Institutionen. Dies gilt sowohl für den Alltag als auch für Wissenschaft, Politik und Wirtschaft. Dabei trägt der Terminus „Klima" in den verschiedenen Bereichen ganz verschiedene

Bedeutungen. Auf der einen Seite gibt es den naturwissenschaftlichen Begriff, von dem viele glauben, er sei der einzig wahre; aber da sind auch noch die über Jahrhunderte gewachsenen Vorstellungen von Wetterphänomenen, Klimaverhältnissen und Klimaeinflüssen. Das wissenschaftliche Verständnis von Klima hat diese alltäglichen Ansichten nicht außer Kraft gesetzt oder gar ausgelöscht. Sie haben auch heute eine wichtige Funktion im Alltag der Gesellschaft. Unterschiedliche Betrachtungsweisen existieren nebeneinander und bedingen soziale und politische Reaktion und Aktion.

Dieses Buch versucht, die verschiedenen Facetten des Begriffs „Klima" herauszuarbeiten und darzustellen, wie der Begriff soziale und politische Wirkung entfaltet und wie er sich im Laufe der Geschichte verändert bzw. nicht verändert hat. Daß zwischen Klima und Gesellschaft bzw. Klima und menschlichem Wohlbefinden schon sehr früh ein enger Bezug gesehen wurde, wird dokumentiert. Vor der modernen Verwissenschaftlichung des Klimabegriffs in den vergangenen Jahrzehnten war es unüblich, von Klima dort zu sprechen, wo Menschen nicht ansässig waren oder sein konnten. Man sprach zum Beispiel nicht von einem Klima der Ozeane. Klimatologie war eine Hilfswissenschaft der Geographie, in deren Zentrum die Wirkung des Klimas auf den Menschen in physiologischer und psychologischer Hinsicht stand. Heute wird in der Wissenschaft von einem umfassenderen Klimabegriff ausgegangen. Im zweiten Abschnitt beschreiben wir den Wandel des Klimaverständnisses im Laufe der Zeit.

In Abschnitt 3 (Klima als Zustand und Ressource) befassen wir uns mit dem Klima, wie es sich ohne Zutun des Menschen darstellt. Es erscheint als verläßlicher Faktor unserer Umwelt, der für Mensch und Gesellschaft den Rahmen für Tun und Handeln vorgibt und sie mit berechenbaren Risiken konfrontiert. Für das Individuum ist das Klima eigentlich nur in dieser Art erfahrbar, da die Zeiträume von Klimaänderungen denen des menschlichen Erfahrungshorizonts entsprechen und oft sogar deutlich länger sind. In diesem Sinne erscheint „Klima" wie ein Spielautomat, der verläßlich nach fixen Wahrscheinlichkeitsregeln verschiedene Geldmengen ausschüttet. Man kann sich darauf verlassen, daß zwar selten – aber doch ab und an – große Gewinne ausgeschüttet werden. Manche Spieler erwarten – irrationalerweise – nach einem großen Gewinn (einem klimatischen Extrem) eine längere Durststrekke (klimatisch unauffällige Zeiten). Durch langes Beobachten von Spielergebnissen (Wetter) lassen sich die Wahrscheinlichkeiten (für „Normalzustände" und Extreme) abschätzen und rationale Strategien auf der Basis erwarteter Verluste und Gewinne ableiten.

In Abschnitt 4 (Klima als Risiko und Bedrohung) betrachten wir das Klima nicht mehr als „Konstante", sondern als etwas Veränderliches. Hier kommt heutzutage natürlich – und wie wir sehen werden: schon fast immer – der Aspekt der anthropogenen Klimaänderung in historischen Zeiten ins Bild.

Die Abbildungen 1 und 2 wurden uns von F. W. Gerstengarbe und P. Werner zur Verfügung gestellt, die uns auch auf Umlauffs Buch aufmerksam machten. Abbildung 15 bekamen wir von Dennis Bray, die Abbildungen 4 und 7 von Heiner Schmidt und Abbildung 12 von Christoph Heinze. Alle Abbildungen wurden von Beate Gardeike für uns bearbeitet, Ilona Liesner hat den Text bearbeitet. Für eine kritische Durchsicht des Manuskripts danken wir Stephan Meyer, Heike Langenberg, Götz Flöser, Ernst Maier-Reimer, Patrick Heimbach und Sören Rau. Die Herren Ulrich Schumann und Mojib Latif haben uns in Einzelfragen beraten. Allen diesen Menschen gebührt unser Dank.

Nico Stehrs Arbeit wurde finanziell vom GKSS-Forschungszentrum unterstützt.

2. Einleitung: Klimasicht im Wandel der Zeit

Die Beobachtung und Erklärung klimatischer Prozesse läßt sich grob in drei wichtige Phasen unterteilen. Diese Phasen fallen nicht nur in historisch unterschiedliche und verschieden lange Zeitabschnitte, sondern sind auch Ausdruck verschiedener Interessen, Beobachtungsmethoden und Erklärungsansätze und zielten jeweils auch auf ein bestimmtes Publikum.

Das Interesse an Fragen des Klimas ist schon sehr früh in der Menschheitsgeschichte manifest. In der ersten Phase steht der Mensch ganz im Mittelpunkt. Die ursprüngliche Beschäftigung mit dem Klima umfaßte immer die Suche sowohl nach den Mechanismen als auch den Wirkungen des Klimas auf das Wesen des Menschen, seine Gemütslage und seine Gesundheit. Erst im ausgehenden 19. Jahrhundert setzte sich, zumindest in der Wissenschaft, die rein physikalische Betrachtungsweise des Klimas durch und mit ihr die Klimaforschung als eigenständige Fachwissenschaft. Dies ist die zweite Phase der Klimasicht. Gesellschaftlich relevant wurde diese Wissenschaft durch die Bereitstellung von Tabellen, Karten und Atlanten von klimatischen Durchschnittswerten und der Art und Häufigkeit von Extremereignissen, wie sie für planerische Zwecke benötigt wurden. In der zweiten Phase wurde das Klima als unparteilich verstanden, während in der ersten Phase das Klima als ergiebigere oder ärmere Ressource für die in seinem Einfluß lebenden Menschen verstanden wurde.

Wir erleben heute die Entwicklung der dritten Phase, in der das Klima nicht mehr nur extern Vorgegebenes ist, sondern – in Grenzen – durch den Menschen verändert und manipuliert werden kann. In gewisser Weise ist dies eine Rückbesinnung auf die Themen der ersten Phase. Da die Veränderungen räumlich nicht gleichmäßig verteilt sind, verliert das Klima seine Unparteilichkeit wieder. Es gibt geographisch gesehen „Gewinner“ und „Verlierer“. „Klimawandel“ wird zum Politikum, wobei Klimawissen zum argumentativen Hilfsmittel bei der Durchsetzung gesellschaftlicher Sichten und Werte wird.

Die Erforschung der Mechanismen der Klimavariabilität tritt etwas in den Hintergrund gegenüber der Erforschung der Klimawirkungen auf Ökosysteme und soziale Systeme. Das Thema „Klima“ hat den Elfenbeinturm der beschreibenden und dann analysierenden Naturwissenschaft verlassen. Der moderne Klimaforscher ist oft nicht mehr ein von der Praxis isolierter Wissenschaftler, sondern ein Medienexperte, der die Öffentlichkeit mit griffigen Bildern bedrohlicher Perspektiven über die zukünftigen Existenzbedingungen von Mensch und Gesellschaft im Atem hält.

Alexander von Humboldt (1769–1859) gehörte zu den frühen interessierten Beobachtern des Klimas der ersten Phase: Er umschrieb im ersten Band seines zuerst 1845 veröffentlichten Werkes *Kosmos. Entwurf einer physischen Weltbeschreibung* den Begriff Klima mit folgenden Worten: *„Der Ausdruck Klima bezeichnet in seinem allgemeinsten Sinne alle Veränderungen in der Atmosphäre, die unsere Organe merklich afficieren: die Temperatur, die Feuchtigkeit, die Veränderungen des barometrischen Druckes, den ruhigen Luftzustand oder die Wirkungen ungleichnamiger Winde, die Größe der elektrischen Spannung, die Reinheit der Atmosphäre oder die Vermengung mit mehr oder minder schädlichen gasförmigen Exhalationen, endlich den Grad habitueller Durchsichtigkeit und Heiterkeit des Himmels: welcher nicht bloß wichtig ist für die vermehrte Wärmestrahlung des Bodens, die organische Entwicklung der Gewächse und die Reifung der Früchte, sondern auch für die Gefühle und ganze Seelenstimmung des Menschen.“*

Humboldts Beschreibung des Phänomens Klima macht einerseits auf die Genese und den Zustand des Klimas durch bestimmte geophysikalische und atmosphärische Prozesse aufmerksam, verweist aber auch auf die Auswirkungen des Klimas auf das Wesen des Menschen und sein physisches Wohlbefinden.

Der Ende des 19. Jahrhunderts einsetzende Umbruch im Klimaverständnis – und damit die wachsende wissenschaftliche Vereinnahmung des Klimas – führte zu einem Klimabegriff, der vor allem die Tatsache hervorhebt, daß sich Klima auf *„die Gesamtheit der meteorologischen Erscheinungen, welche den mittleren Zustand der Atmosphäre an irgendeiner Stelle der Erdoberfläche charakterisieren,“* bezieht (nach Julius von Hann, 1839–1921). Verweise auf die physischen, psychischen und sozialen Folgen des Klimas verblaßten, und die quantitative Beschreibung des Klimas auf der Basis der instrumentellen Bestimmung von Klimavariablen gewann an Bedeutung. Klima und Wetter wurden differenziert: Das Wetter ist die flüchtige, aktuelle, lokale Witterung des Tages. Das Klima ist die Statistik des Wetters und wird für größere Zeiträume und in der Regel größere geographische Gebiete abgeleitet. Diese Statistiken werden aus Meß- und Beobachtungsreihen atmosphärischer Größen, in erster Linie Temperatur und Niederschlag, über längere Zeiträume abgeleitet. Insbesondere die Darstellung der durchschnittlichen Verhältnisse spielt in dieser Zeit eine entscheidende Rolle. Das Hauptgewicht bei der Erforschung des Klimas lag auf einer räumlich vergleichenden Beschreibung und Klassifikation des Mittels wechselnder Wetterbedingungen über längere Zeiträume. Das Klima erschien mehr oder minder statisch und geographisch beschränkt auf die atmosphärische Grenzschicht über Land. Das globale Klima war nicht mehr als die Summe aller regionalen Klimate.

Als man sich aufgrund technischer Innovationen bei der empirischen Beobachtung des Klimas in den zwanziger Jahren dieses Jahrhunderts nicht mehr nur auf die an der Erdoberfläche meßbaren Zustände der Atmosphäre beschränken mußte, begann die dritte Phase der Klimaforschung. Die Klimatologie wurde endgültig zu einer Fachwissenschaft, die sich fast ausschließlich mit der physikalischen Beschreibung klimatischer Prozesse beschäftigte. Mehr und mehr Physiker wandten sich der Erforschung atmosphärischer und ozeanischer Vorgänge zu. Die bisherige traditionelle Bindung zur Geographie wurde gelockert zugunsten einer neuen Disziplin „Physik der Atmosphäre bzw. des Ozeans“. Im Gefolge dieses konzeptionellen Wechsels traten die Auswirkungen des Klimas auf die Biosphäre und auf den Menschen zunehmend in den Hintergrund. Im Rahmen dieser Vernaturwissenschaftlichung der Klimaforschung sind drei Besonderheiten hervorzuheben:

1) Die Erweiterung unseres Wissens über klimatische Verhältnisse der Erde reicht sowohl in die Zukunft als auch in die Vergangenheit. Die lange in diesem Jahrhundert vorherrschende Konzeption, daß Klima zumindest in historischer Zeit im wesentlichen konstant gewesen sei, weicht der Erkenntnis, daß es auch in historischen Zeiten deutliche klimatische Veränderungen gegeben hat. Diese Einsicht führt zusammen mit der Analyse der Einflußfaktoren des Klimasystems geradlinig zu dem Verständnis, daß Klima auch aufgrund menschlichen Handelns verändert werden kann. Tatsächlich glauben heute viele Klimaforscher, daß sich das Klima in den letzten 100 Jahren deutlich verändert hat und in Zukunft aufgrund des Treibhauseffektes und anderer anthropogener Faktoren weiter verändern wird.
2) Das Klimasystem wird heute großflächig durch den Einsatz von satellitengebundenen Systemen meßbar. Allerdings sind Zeitreihen von Satellitendaten bislang zeitlich begrenzt und daher für die Untersuchung langfristiger Klimaentwicklungen nur beschränkt brauchbar. „Synoptische" Darstellungen (detaillierte Beschreibungen des aktuellen Ist-Zustandes wie in Wetterkarten) zumindest des physikalischen Zustandes der Atmosphäre werden möglich. Dieses Ziel wurde schon Ende des 18. Jahrhunderts durch das meteorologische Meßnetz der „Societas Meteorologica Palatina" (1781–1792) angestrebt. Heute ist es Routine und wesentliche Voraussetzung für die tägliche Wettervorhersage.
3) Die Mathematisierung der Physik führte auch zu einer Mathematisierung der Meteorologie, der Ozeanographie und der Klimaforschung. Die atmosphärischen und ozeanischen Prozesse werden mit mathematischen Gleichungen beschrieben. Vor der Erfindung elektronischer Rechenanlagen konnten diese Gleichungen nur nach teilweise drastischen Vereinfachungen gelöst werden, so daß nur prinzi-

pielle Zusammenhänge studiert werden konnten. Erst die Entwicklung von elektronischen Rechenmaschinen gestattete die Realisierung aufwendiger Klimamodelle, welche die natürlichen Prozesse und ihre Sensitivität gegenüber anthropogenen Einflüssen realitätsnah beschreiben können. Diese Klimamodelle nehmen für die Klimaforschung den Platz der experimentellen Anordnung ein.

Nach der durch diese neuen Methoden ermöglichten Vertiefung des Verständnisses der Klimadynamik tritt in den letzten Jahren die Klimafolgenforschung ins Rampenlicht des wissenschaftlichen und öffentlichen Interesses.

3. Klima als Zustand und Ressource

Das Wetter – häufiges und unverfängliches Gesprächsthema – beeinflußt unseren Alltag, unser Verhalten und nicht zuletzt unser Wohlbefinden. Fast jeder beobachtet und diskutiert das Wetter gerne und ausführlich, und möglicherweise ist nicht das Fieberthermometer, sondern das Innen- bzw. Außenthermometer das häufigste Instrument in modernen Wohnungen und Häusern.

Zu diesen eher beiläufigen Wettergesprächen gesellt sich in letzter Zeit ein zweites, verwandtes Thema – das Klimathema. Oft wird beklagt, „das Wetter" sei schlechter geworden – womit die Statistik des Wetters gemeint ist, also das Klima. Angeblich sind die Stürme häufiger oder stärker geworden, das Wetter sei weniger vorhersagbar und die jahreszeitliche Ausprägung habe sich verwischt. Zu diesen Klagen tritt häufig die Feststellung, daß die Menschheit dabei sei, das Klima und damit ihre eigene Lebensgrundlage zu zerstören oder doch zumindest zu beeinträchtigen. Wir werden später sehen, daß dieses angeblich neue Thema keinesfalls so neu ist. Schon frühere Generationen haben sich gefragt, inwiefern ihr Tun sich negativ auf das Klima auswirken könnte. Auch wurde gefragt, inwieweit klimatische Bedingungen einen Einfluß auf die Lebensbedingungen haben.

In diesem Abschnitt befassen wir uns mit dem statischen Klima, also dem unveränderlichen Klima, das zwar dann und wann bedrohliche Extreme wie Sturmfluten, Überschwemmungen und Dürren mit sich bringt, das aber dennoch in dem Sinne unveränderlich ist, daß solche Katastrophen als „normal" angesehen werden und sich danach wieder gewohnte Bedingungen einstellen. Eine Jahrhundertflut tritt im Durchschnitt alle 100 Jahre einmal auf; wenn nicht, dann stimmt etwas nicht mit dem Klima oder mit der Berechnungsmethode der 100-Jahres-Fluten. Wenn zwei Jahrhundertfluten kurz hintereinander auftreten, ist dies noch kein Grund zur Beunruhigung. Das Klima, das wir persönlich erfahren, hat eine wichtige Eigenschaft: seine Zuverlässigkeit oder Normalität. Diese Zuverlässigkeit erlaubt es uns, mit dem Klima, seinen Möglichkeiten und Unbillen vernünftig umgehen zu können. Allerdings kommt es in der modernen Gesellschaft zu einer Erosion dieses Vertrauens. Regelmäßig liest man in den Medien im Zusammenhang mit Wetterextremen, daß das Klima „verrücktspiele" und dies auf anthropogene Effekte zurückzuführen sei. Allerdings sollte man sich vergegenwärtigen, daß der Normalfall gerade „Verrücktspielen" ist und daß wir Grund zur Beunruhigung nur haben, wenn das Wetter noch „verrückter spielt" als gewöhnlich oder wenn es gar nicht mehr „verrücktspielt".

In Abschnitt 3.1 beschäftigen wir uns mit dem Klima als tagtäglicher Erfahrung des Menschen und als bisweilen limitierender Faktor von Ökosystemen und menschlicher Aktivität. In diesem Zusammenhang ist Klima die Statistik der lokal erfahrbaren Wetterschwankungen. Diese Erscheinungen drükken sich aus in Größen wie Sonnenscheindauer, Niederschlagsmengen und -häufigkeiten, Lufttemperatur und Wind. Diese Größen sind auch relevant für die Anwender von Klimainformationen, wie Forstwirtschaft, Naturschutz, Seeschiffahrt, Straßen- und Flugverkehr oder Tourismusindustrie. Für den naturwissenschaftlichen Klimaforscher jedoch sind diese Größen nur von nachrangiger Bedeutung – für ihn ist das Klima zunächst ein komplex aufgebautes System, in dem so verschiedene Komponenten wie Ozean, Atmosphäre und Meereis miteinander und aufeinander wirken (Abschnitt 3.2). In diesem Kontext ist die Lufttemperatur vergleichsweise uninteressant. An ihrer Stelle treten andere Größen in den Vordergrund, die Laien und Anwendern wenig sagen: Wärmetransporte, Stromfunktion, vertikaler Austausch, Absorption und Reflexion von Strahlung durch Wolken. Diese Sicht des Klimas als interagierendes System von physikalisch beschreibbaren Komponenten erlaubt den Klimaforschern zu erklären, warum unser jetziges Klima, sowohl im globalen Sinne der Klimaforschung als auch im lokalen Sinne von Anwendern und Laien, so ist, wie es ist. Diese Einsichten sind allerdings für die Öffentlichkeit zunächst nicht relevant. Der naturwissenschaftlichen Konstruktion des Klimasystems steht ein soziales Konstrukt gegenüber (Abschnitt 3.3); beide sind zwar nicht unabhängig voneinander, sind aber in verschiedenen gesellschaftlichen Sphären relevant und gültig. Das wissenschaftliche Konstrukt hebt im wesentlichen auf die Genese des Klimas ab – Warum gibt es Stürme? –, während das soziale Konstrukt mehr orientiert ist an der tatsächlichen bzw. erfahrbaren Wirkung von Klima. In Abschnitt 3.4 beschäftigen wir uns mit der Denkrichtung des „Klimatischen Determinismus", wonach menschliche Aktivität in erheblichem Maße durch klimatische Verhältnisse bestimmt wird.

3.1 Klima als Umwelterfahrung

Das Klima ist für den Menschen nur erfahrbar als die Gesamtheit der Wettererscheinungen an seinem Lebensort; insofern ist das Klima als Umwelterfahrung „das typische Wetter", wozu auch gehört, daß es dann und wann sehr warme und trockene Sommer gibt und andere Sommer in Regen untergehen; daß manchmal mehrere schwere Stürme hintereinander auftreten und daß es auch Winterhalbjahre fast ohne Stürme gibt. Das „typische Wetter" darf nicht verwechselt werden mit dem „durchschnittlichen Wetter" – das letztere ist ein mathematisches Artefakt, das in der Realität nicht vorkommt. Ersteres enthält als Charakteristikum das Vorkommen von Extremereignissen – mit einer gewissen Häufigkeit.

Einer der herausragenden Meteorologen des späten 19. und frühen 20. Jahrhunderts, der Wiener Professor Julius von Hann (1839–1921), erklärt in seinem für lange Zeit als Standardwerk geltenden Handbuch: „*... die Klimalehre wird ... die Aufgabe haben, uns mit den mittleren Zuständen der Atmosphäre über den verschiedenen Teilen der Erdoberfläche bekannt zu machen*". In diesem Sinne war die Klimatologie eine Buchhaltung der Meteorologie; Meteorologie war und ist etwas anderes als Klimatologie, da sich die Meteorologie hauptsächlich mit der Physik der Vorgänge in der Atmosphäre befaßt. Die nach gängiger Vorstellung Hauptaufgabe der Meteorologen, Wettervorhersagen zu erstellen, wurde für lange Zeit mit heute als obskur geltenden Methoden verfolgt (z.B. durch Klassifikation nach Wetterlagen oder durch Heraussuchen von ähnlichen Situationen in der Vergangenheit). Erst seit dem Aufkommen der elektronischen Rechenmaschinen Ende der 1940er Jahre wurde sie auf eine wissenschaftlich solidere und zuverlässigere Basis gestellt.

Die wichtigsten Alltagserfahrungen beziehen sich auf den Tagesgang und den Jahresgang: Morgens vor Sonnenaufgang ist es am kältesten, ein Maximum an Luftfeuchte ist kondensiert. Der jährliche Temperaturgang, also das Ansteigen und Fallen der Luftwärme von Monat zu Monat etwa, führt zur Differenzierung von Jahreszeiten. Der kälteste und der wärmste Monat verankern im Bewußtsein Winter und Sommer. Tatsächlich sind unsere „offiziellen" Jahreszeiten astronomisch bestimmt. Diese Bestimmung paßt ganz gut zu einer meteorologischen Definition, wenngleich es meteorologisch mehr Sinn macht, die Monate Dezember-Januar-Februar als Winter zu bezeichnen, März-April-Mai als Frühling usw. Wir meinen hier mit dem Wort „Winter" den Winter der Nordhalbkugel, denn auf der Südhalbkugel sind die Monate Dezember-Januar-Februar natürlich die im Mittel drei wärmsten Monate des Jahres (vgl. Abb. 1).

Charakteristische Jahresgänge der Temperatur für einige Stationen in Deutschland und Australien sind in Abbildung 1 dargestellt. Die Gegenläufigkeit auf der Nord- und Südhalbkugel ist deutlich zu erkennen; auch die Abwesenheit eines ausgeprägten Jahresganges an der tropischen Station Darwin in Nordaustralien. Abbildung 2 zeigt Tagesgänge im Juli für zwei Orte in Ostdeutschland.

Die Aufteilung der Jahreszeiten, soweit sie auf der Beobachtung des Temperaturverlaufs basiert, ist nicht identisch mit der Länge bzw. Kürze der Tage, da in den gemäßigten Klimazonen der Erde weder die größte Kälte an den kürzesten Tagen zu verzeichnen ist noch die größte Wärme an den längsten Tagen des Jahres. Physikalisch ist dieser Unterschied leicht zu

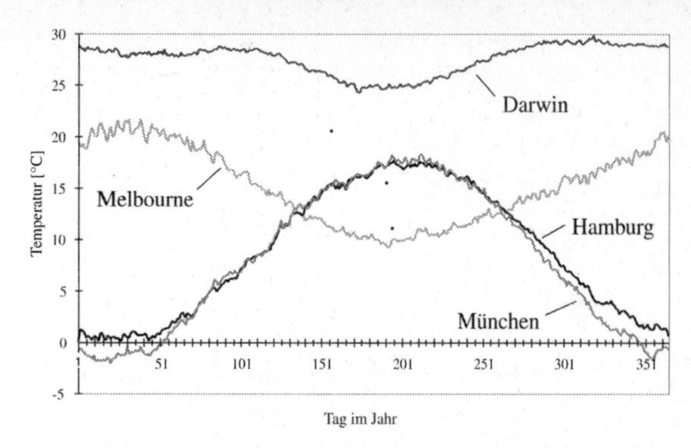

Abb. 1: Jahresgänge der Temperatur an den deutschen Stationen Hamburg und München sowie an den australischen Stationen Darwin und Melbourne. Das nordaustralische Darwin liegt in den Tropen.

verstehen: Die höchste Wassertemperatur in einer Badewanne wird nicht erreicht, wenn das heißeste Wasser zuläuft, sondern wenn das zulaufende Wasser gerade noch wärmer als der Badewanneninhalt ist (wenn wir andere Prozesse vernachlässigen).

In den gemäßigten Klimazonen der nördlichen und der südlichen Hemisphäre lassen sich vier Jahreszeiten mehr oder weniger eindeutig voneinander trennen. In den Tropen gibt es in vielen Gebieten statt einer „Jahreswelle" mit einem jährlichen Maximum und einem jährlichen Minimum oft eine „Halbjahreswelle" mit zwei jährlichen Maxima und zwei jährlichen Minima. Dies rührt daher, daß zweimal im Jahr die Sonne direkt senkrecht strahlt.

Das Bewußtsein von Jahreszeiten ist also eine Erfahrung der Menschen in gemäßigten Klimazonen. Der Rhythmus von Jahreszeiten wird im Alltag häufig als positiv empfunden. Menschen aus gemäßigten Zonen, die in anderen Klimazonen der Erde ohne distinkte Jahreszeiten leben, empfinden die Abwesenheit von Jahreszeiten geradezu als Defizit ihrer Umwelt.

Die Ende des vergangenen Jahrhunderts einsetzende Verwissenschaftlichung des Klimaverständnisses führte zuallererst

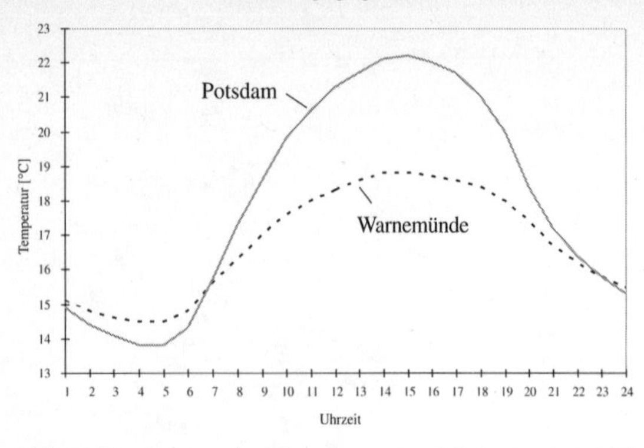

Abb. 2: Tagesgänge der Temperatur im Juli in Warnemünde und Potsdam.

dazu, daß unbestimmte Einordnung klimatischer Verhältnisse der Art: „Das Winterklima unserer Region ist streng" oder „Unsere Sommer sind feucht und veränderlich", wie sie auch heute noch im Alltag üblich sind, durch objektive, instrumentell gesicherte Beobachtungen ersetzt wurden. Die wissenschaftliche Beschäftigung mit dem Klima führte so zu einer verläßlicheren Darstellung der beobachtbaren Klimavariablen und damit zu einer Sprache der Zahlen. Man suchte nach Methoden, die relevanten Klimavariablen so zu messen, daß die Zahlenwerte einerseits für den betreffenden Ort reproduziert werden können und außerdem einen Vergleich mit anderen Orten gestatten. Diese Aufgabe klingt leichter, als sie ist. So kann man etwa die „Tagesmitteltemperatur" einfach dadurch ändern, daß man nicht mehr um 6, 12, 18 und 24 Uhr mißt, sondern um 7, 13, 19 und 1 Uhr. Die Oberflächentemperatur des Ozeans ist den rohen Zahlen zufolge in den frühen 1940er Jahren um fast ein halbes Grad gefallen, was daran liegt, daß man in diesen Jahren begann, die besagte Temperatur nicht mehr mit Hilfe eines über Bord geworfenen Eimers zu messen, sondern am Kühlwasser der Schiffsmotoren. Die Geschichte der Meteorologie und Ozeanographie kennt viele solche

„Inhomogenitäten" von Beobachtungsdaten, und manch ein wissenschaftlicher Artikel präsentiert nicht wirkliche Änderungen im Klimasystem, sondern nur Änderungen in der Art der Datenerhebung oder -verarbeitung. Ein frühes Beispiel für methodisch abgesicherte Meßtechnik wurde von der schon erwähnten „Societas Meteorologica Palatina" erarbeitet, die Ende des 18. Jahrhunderts zeitgleiche, vergleichbare Messungen an verschiedenen Orten Europas durchführen ließ (Abbildung 3).

Nachdem die frühe Klimatologie die Wissenschaft in den Stand versetzte, das „Klima" quantitativ zu beschreiben, stellt sich die Frage, welche der unglaublich vielen gemessenen Zahlen für Gesellschaft und Wissenschaft einen tatsächlichen Informationswert haben. In anderen Worten: Wir müssen die Anzahl der möglichen Beobachtungen einschränken auf solche Variablen, die reproduzierbar meßbar sind, die für Anwendungen relevant sind und die repräsentativ für ein Gebiet und einen Zeitabschnitt sind.

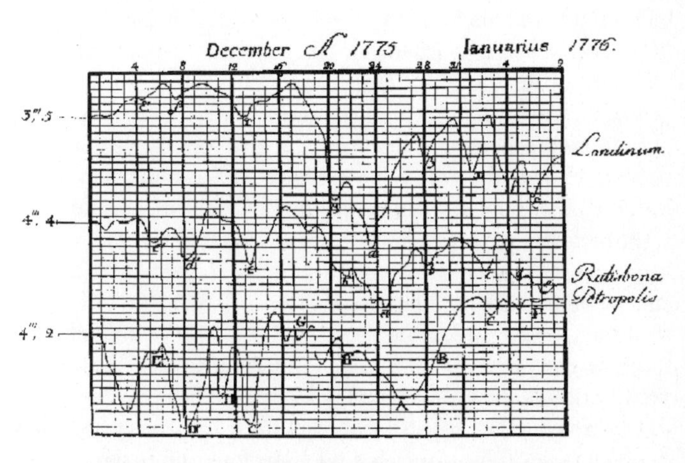

Abb. 3: Druckverlauf im Dezember 1775 in London, Regensburg und St. Petersburg nach den Aufzeichnungen der „Societas Meteorologica Palatina" (nach Lüdecke, 1997, *Meteorologische Zeitschrift Neue Folge* 6, 242–248)

Neben der (bodennahen Luft-)Temperatur und dem Niederschlag als den wichtigsten (bio-)klimatischen Variablen werden regelmäßig Größen wie Luftfeuchtigkeit, Wind, Bewölkung, Sonnenscheindauer festgehalten. Eine andere klimatische Variable, die nicht von den meteorologischen, sondern von den hydrographischen Diensten aufgenommen wird, ist der Wasserstand an den Küsten der Ozeane und Binnenmeere sowie an Flüssen.

Es bleibt die Frage, wie sich Ort und zeitliche Dauer einer klimatischen Messung sinnvoll eingrenzen lassen. Die erhobenen Zahlen sollen repräsentativ für ein bestimmtes Gebiet sein und charakteristisch für eine bestimmte Zeit. Demgegenüber steht die Tatsache, daß alle Klimavariablen sowohl in der Zeit als auch im Raum fluktuieren.

Wir wollen die Forderung nach der Repräsentativität anhand zweier Beispiele diskutieren. Beim ersten Fall geht es um die Beobachtung von Starkwindereignissen in Hamburg, dargestellt als Anzahl von Tagen mit Windstärke 7 und mehr innerhalb von 10 Jahren (Abbildung 4). Den Zahlen zufolge gab es 90 und mehr dieser Ereignisse in den Dekaden vor 1951–60; seitdem wurden nur noch 10 Ereignisse vermerkt. Der Grund für diese Änderung hat nichts mit irgendwelchen klimatischen Änderungen zu tun, sondern etwas mit dem Beobachtungsvorgang, genauer gesagt, mit der Verlegung des Beobachtungsortes vom Seewetteramt in St. Pauli zum Flughafen Fuhlsbüttel. Wohlgemerkt, die Beobachtungen sind richtig, aber sie sind offenbar nicht repräsentativ für das Sturmklima von Hamburg. Die in Abbildung 4 gezeigten Zahlen sind in dieser Form klimatologisch unbrauchbar, um Standardfragen der Art „Wie hoch ist das Starkwindrisiko in Hamburg?“ oder „Gibt es eine Änderung in der Häufigkeit von Starkwindereignissen in Hamburg?“ zu beantworten.

Der zweite Fall betrifft den „Stadteffekt“. Die in Städten beobachteten Temperaturen sind höher als die in ländlichen Gebieten. Die Luft einer Stadt kühlt sich wegen der reduzierten Verdunstung der oft abgeschirmten Erdoberfläche weniger schnell ab als auf dem Land (siehe auch *Human Impacts*

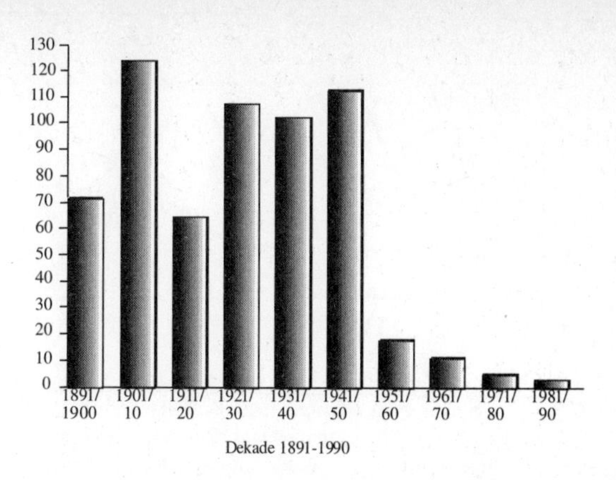

Abb. 4: 10jährige Häufigkeiten von Starkwindereignissen (Windstärken von mehr als 7) in Hamburg. Der abrupte Abfall um 1950 ist verursacht durch einen Wechsel des Beobachtungsortes.

on Weather and Climate von Cotton und Pielke, 1992). In Mitteleuropa treten Unterschiede von mehr als einem Grad auf. Dieser Effekt ist in Abbildung 5 dargestellt, die jährliche Temperaturreihen für zwei benachbarte Orte in Quebec (Kanada) zeigt. Die Wetterstation „Sherbrooke" soll das Klima der stetig gewachsenen Stadt Sherbrooke repräsentieren, die Station „Shawinigan" die ländliche Region um den kleinen Ort Shawinigan. Im Jahre 1966 wurde die Station „Sherbrooke" vom Stadtzentrum zum außerhalb gelegenen Flugplatz verlegt. Offenbar trat bei dieser Gelegenheit die gleiche abrupte Änderung von Meßwerten ein wie schon beim Sturmklima von Hamburg – die Station „Sherbrooke" ist nicht repräsentativ für das Stadtgebiet Sherbrooke und erst recht nicht für die die Stadt umgebende Region. Weiterhin sehen wir in der Stadt eine stetige Erwärmung, die an der ländlichen Wetterstation nicht gemessen wurde. Insofern ist die Wetterstation „Sherbrooke" wiederum für klimatologische Zwecke unbrauchbar, da sie außer für den direkten Meßort für nichts repräsentativ ist. Die Messungen sind weder geeignet für landwirtschaftliche Planung noch für zuverlässige Abschätzungen,

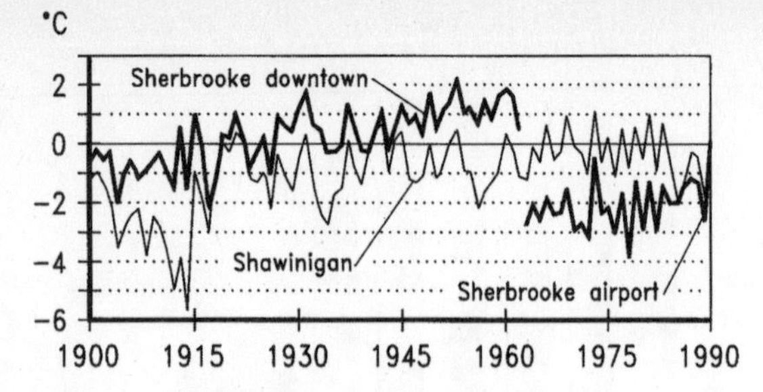

Abb: 5: Jährliche Mittelwerte der Tagesminima der bodennahen Temperaturwerte für die zwei benachbarten Wetterstationen Sherbrooke und Shawinigan in Quebec, Kanada. Die Wetterstation Sherbrooke war bis 1966 im Stadtzentrum aufgestellt und wurde dann zum außerhalb gelegenen Flugplatz verlegt. Die andere Station Shawinigan hat sich die ganze Zeit unverändert in einer ländlichen Umgebung befunden. (von Storch und Zwiers, 1999: Statistical Analysis in climate research. Cambridge University Press.)

inwieweit aktuelle Klimaschwankungen als systematische Klimaänderungen verstanden werden müssen. Eine der Folgerungen aus dem systematischen „Stadteffekt" ist, daß für die Bestimmung von Gebietsmitteln nur Temperaturbeobachtungen von unbeeinflußten Wetterstationen verwendet werden können. Davon gibt es weltweit viele, aber die meisten der frühen Beobachtungen, von denen einige ins 17. Jahrhundert zurückgehen, wurden in Städten wie Bologna gemacht. Die längsten Beobachtungsreihen sind daher für die Rekonstruktion vergangener Klimaschwankungen nur eingeschränkt brauchbar. Dies ist bedauerlich, weil die Beurteilung der gegenwärtig beobachteten Erwärmung den Vergleich mit früheren, durch natürliche Prozesse bewirkten Erwärmungstrends erfordert und daher möglichst lange dokumentierte Entwicklungen zu Zeiten ohne mögliche menschliche Beeinflußung vonnöten sind.

Alle gängigen Klimavariablen weisen Schwankungen auf allen Zeitskalen auf. Ein zeitlich hoch auflösendes Instrument zeigt, daß sich die Windgeschwindigkeit oder die Lufttemperatur im Bereich von Sekunden ebenso wie im Verlauf von Wochen, Jahren oder Jahrzehnten verändern. Offensichtlich muß man Zahlen definieren, die beschreiben, in welcher Schwankungsbreite die Messungen üblicherweise variieren und mit welcher Wahrscheinlichkeit extreme Ereignisse eintreten.

In dieser Situation ist es nützlich, auf Begrifflichkeiten und die Terminologie der Statistik zurückzugreifen. Wir gehen davon aus, daß das Klima zwar auf allen Zeitskalen variiert, daß aber diese Schwankungen in guter Näherung als zufällig angesehen werden können, abgesehen von den regelmäßigen, oben angesprochenen Zyklen „Jahresgang" und „Tagesgang". Genauer gesagt, wir betrachten die Abweichungen vom mittleren Jahresgang und vom mittleren Tagesgang, die sogenannten „Anomalien", als zufällig. Bei dieser Annahme handelt es sich um ein mathematisches Konstrukt, mit dessen Hilfe wir die scheinbare Regellosigkeit gut beschreiben können.

Machen wir im Folgenden einen kleinen Exkurs in die Statistik: Unter einem Zufallsprozeß wollen wir einen Vorgang verstehen, der Zahlenreihen erzeugt, die Werte entsprechend einer Zufallsverteilung annehmen. Die bekannteste solcher Verteilungen ist die Gauß-Verteilung, die auf den deutschen 10-DM-Banknoten abgebildet ist. Zufallsverteilungen geben an, mit welcher Wahrscheinlichkeit die möglichen Werte eintreten. Man kann solche Verteilungen durch einige wenige charakteristische Zahlen beschreiben – vor allem durch den Mittelwert und die Standardabweichung. Der Mittelwert ist das arithmetische Mittel aller Beobachtungen – so daß in den meisten Fällen die eine Hälfte aller Beobachtungen kleiner ist als der Mittelwert und die andere Hälfte größer als diese Zahl. Dies gilt genaugenommen nur für symmetrische Verteilungen. Die Jahresgänge und Tagesgänge in Abbildung 1 sind solche (für jeden Kalendermonat bzw. jede Stunde einzeln berechnete) Mittelwerte.

Die Standardabweichung ist ein Maß für die Streuung der zufälligen Zahlen. In zwei Drittel aller Fälle wird der Zufall uns in das Intervall „Mittelwert plus/minus eine Standardabweichung" führen, aber in einem Drittel aller Fälle werden wir Werte vorfinden, die größer als „Mittelwert plus eine

Standardabweichung" oder kleiner als „Mittelwert minus eine Standardabweichung" sind.

Zufälligkeit bedeutet nicht, daß zwei aufeinanderfolgende Zahlen unabhängig voneinander sind; vielmehr beobachten wir – gerade im klimatologischen Zusammenhang –, daß der Wert einer Klimavariablen zu einem Zeitpunkt partiell bestimmt wird vom vorangehenden Zeitpunkt nach dem Motto: „Das Wetter morgen ist im wesentlichen so wie das heutige Wetter." Logischerweise ist dann der Wert zum übernächsten Zeitpunkt immer noch partiell determiniert durch den aktuellen Wert, nur nimmt dessen Einfluß immer weiter ab, so daß nach genügend langer Zeit der dann auftretende Wert und der aktuelle Wert nichts mehr miteinander zu tun haben. Dieses „Nichts-miteinander-zu-tun-Haben" kann man so verstehen, daß ein zufälliges Vertauschen der Reihenfolge den Charakter der Zahlenreihe nicht ändert. Die sequentielle Bestimmtheit können wir als Gedächtnis des Zufallsprozesses verstehen.

In der Praxis kennt man weder die Verteilungen noch das Gedächtnis a priori. Man muß diese charakteristischen Zahlen daher aus Beobachtungen ableiten. Wie viele Beobachtungen braucht man, um dies sinnvoll tun zu können? Zeichnet man die Temperatur zwanzig Jahre lang auf und bildet den Mittelwert für die ersten und letzten zehn Jahre separat, so werden sich diese beiden Mittelwerte unterscheiden. Um repräsentativ zu sein, darf der Unterschied jedoch nicht groß sein. Da es keine „natürlichen" Grenzen bei der Bestimmung der statistischen Maßzahlen für klimatische Verhältnisse gibt, wurden Konventionen oder Standards dieser Grenzen festgelegt. Für die Meteorologie beträgt der Standard eines Beobachtungszeitraums 30 Jahre. An diesen Standard sollten sich die meteorologischen Dienste halten. In der wissenschaftlichen Klimaforschung allerdings spielt dieser Standard kaum noch eine Rolle, nachdem klargeworden ist, daß das Klima auch auf Zeitskalen von 30 und mehr Jahren nennenswerte Variationen aufzeigt.

Wir können die charakteristischen Maßzahlen nun für die verschiedenen Klimavariablen und Meßorte berechnen und in

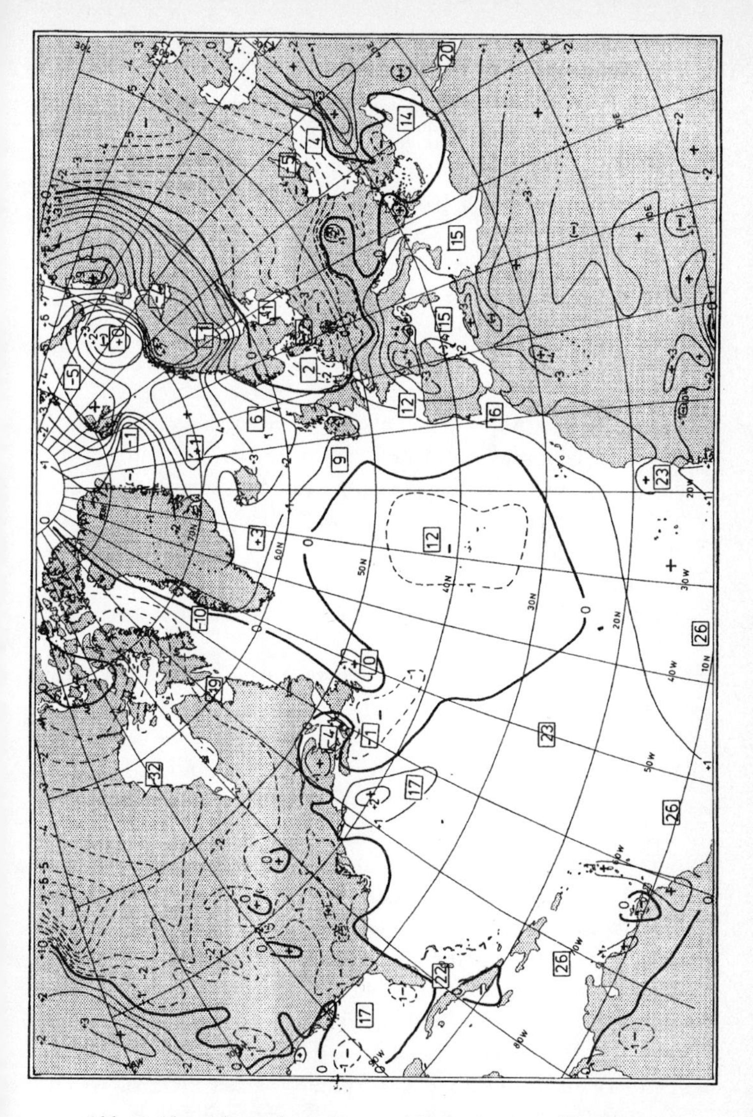

Abb. 6: Abweichung der im Januar 1996 gemessenen Temperatur vom langjährigen Mittelwert in °C. In den Kästen sind die Temperaturen für den Januar 1996 dargestellt (aus: *Der Wetterlotse*, 589, Januar 1996).

Form von Karten Wissenschaft und Öffentlichkeit als Klimainformation anbieten. Abbildung 6 zeigt eine solche Karte mit der Verteilung der Abweichungen der Lufttemperatur im Januar 1996 vom langjährigen Mittelwert. Man erkennt sehr schön die in Norddeutschland vorherrschende ungewöhnliche Kälte, die damals zum Zufrieren der Elbe führte (vgl. auch Abb. 10). Eine zweite Karte zeigt eine Verteilung der im Durchschnitt einmal pro fünfzig Jahre überschrittenen Windgeschwindigkeit in einer Böe (Abbildung 7). Demnach muß man auf Föhr mit Spitzengeschwindigkeiten von 50 m/s rechnen, während in Lauenburg im Durchschnitt Geschwindigkeiten von 38 m/s und mehr einmal in 50 Jahren auftreten.

Diese Informationen gehen als Faktoren in Untersuchungen, Abschätzungen und Gutachten über gesellschaftliche, wirtschaftliche und politische Vorgänge ein, von denen man vermutet oder weiß, daß sie von klimatischen Bedingungen beeinflußt sein könnten. Solche Vorgänge umfassen ein ganzes Themenspektrum, wobei es sich meist um angewandte Forschung mit einer anthropozentrischen Sichtweise handelt:

1) Ein Komplex sind die möglichen Auswirkungen klimatischer Bedingungen auf das Leben des einzelnen, auf sein Wohlbefinden und seine Gesundheit, sowie seine Reaktion auf klimatische Bedingungen und sein Verständnis klimatischer Verhältnisse. Wir kommen auf diesen Aspekt noch zurück.
2) Die Abwehr von Gefahren, die von meteorologischen Extremen ausgeht, nimmt einen anderen wichtigen Platz ein. Ein typischer Fall ist die Gefahr von Hochwasser an Küsten und Flüssen. Statistiken von Niederschlagsmengen und Sturmintensitäten sind entscheidende Maßzahlen, um Gefährdungspotentiale, und damit auch Deichhöhen, zu bewerten bzw. zu bemessen. Auch Hangrutsche oder Muren gehören in die Gruppe der klimatologisch determinierten Gefahren, da sie zwar ähnlich Vulkanausbrüchen kaum genau vorhersagbar sind, aber ihre Häufigkeit in deutlicher Weise an die Niederschlagsstatistik gekoppelt ist.

3) Nicht nur für Mensch und die Gesellschaft, sondern auch für die Pflanzenwelt sind Klimastatistiken von großer Bedeutung. Welche Art der Landwirtschaft betrieben werden kann, ist oft nicht durch die mittleren Sommer- oder Wintertemperaturen bestimmt, sondern durch die äußersten Kältegrade oder den Beginn der Frostperiode. Ist erst einmal eine extreme Kältetemperatur aufgetreten, so ist es in der Regel für die Vegetation weitgehend irrelevant, ob diese Temperatur noch mehrmals im gleichen Zeitabschnitt beobachtet wird oder ob trotz dieses Extrems die gesamte Winterperiode im Mittel noch als „normal" gilt. So ist im Falle Floridas der entscheidende Sachverhalt, ob es Frost gibt oder nicht, da Frost die Zitrusernte ruiniert. In anderen Fällen sind die Extremtemperaturen belanglos: Wann das Schneeglöckchen blüht, hängt im wesentlichen von der mittleren Temperatur in den Monaten Januar und Februar ab.
4) Eine weitere wichtige Anwendung der Klimastatistiken ist die Bewertung, ob aktuelle Geschehnissen auf anomale klimatische Bedingungen oder andere nichtklimatische Prozesse zurückzuführen sind. In diese Klasse fallen Fragen nach den Ursachen von Algenblüten, die durch Eutrophierung der Nordsee gefördert worden sein könnten, oder das Waldsterben.

Die fleißige Bestandsaufnahme der zahllosen Klimabeobachtungen, wie sie etwa seit mehr als 100 Jahren von Handelsschiffen gemacht werden, liefert wichtiges Arbeitsmaterial für die grundlagenorientierte Klimaforschung. Hier sind die Untersuchungen über Fernwirkungen von Klimaanomalien zu nennen, insbesondere im Zusammenhang mit dem *El Niño/Southern Oscillation Phänomen*, das schon Ende des 19. Jahrhunderts von dem Schweden Hildebrandsson beschrieben wurde. Eine andere großräumige Klimaanomalie ist die *Nordatlantische Oszillation*, die eine Antikorrelation des Luftdrucks und der Temperatur im Bereich des Nordatlantiks beschreibt: Sind die Temperaturen über Grönland höher als normal, dann sind sie in der Regel über Nordeuropa reduziert, und umgekehrt. Gekoppelt daran sind ein erhöhter Luftdruck über Island und ein verminderter Luftdruck über den Azoren, und umgekehrt. Dieser Mechanismus ist von großer Bedeutung für das europäische Klima; er wurde vermutlich erstmals von dem dänischen Missionar Hans Egede Saabye in seinem *Dagbog holden i Grönland i Aarene 1770–1778* beschrieben.

Die Zahl und die relative Bedeutung der Klimavariablen hat sich im Verlauf der wissenschaftlichen Beschäftigung mit dem Klima verändert. Während man bei der Analyse des Klimas zunächst von einer relativ isolierten Betrachtung einzelner Klimavariablen ausging, versucht man gegenwärtig, diverse Klimavariablen in einer integrierenden Betrachtungsweise zusammenzufassen, um so das Funktionieren des Klimasystems als Ganzes, also unter Einschluß von Faktoren wie den Ozeanen, dem Meereis, der Biosphäre usw., besser zu verstehen.

Während die Definition und die Grenzen der Klimaforschung noch vor 100 Jahren nicht zuletzt von der technisch möglichen Plazierung der Meßinstrumente limitiert waren, war es ab den zwanziger Jahren dieses Jahrhunderts mit Hilfe von Meßballons, Drachen, Flugzeugen und Radiosonden möglich, Beobachtungsdaten aus verschiedenen Höhen zu gewinnen. Bei dieser Gelegenheit wurde übrigens Anfang des Jahrhunderts die Stratosphäre entdeckt. Von Beobachtungen bei Bergaufstiegen und spektakulären bemannten Ballonaufstiegen wußte man, daß die Temperatur mit der Höhe um ca. 0.7°C pro 100 m Höhenunterschied sinkt. Daraus schloß Hermann von Helmholtz, daß in etwa 30 km der absolute Nullpunkt (–273°C) erreicht werden müßte. Als die ersten Messungen von unbemannten Ballons auf konstante Temperaturverhältnisse oberhalb von 11 km Höhe stießen, glaubten viele Meteorologen zunächst an Meßfehler – es war der Übergang von der Troposphäre zur Stratosphäre.

Diese neuartigen Beobachtungen haben eine grundlegende Änderung in der Wissenschaft der Klimatologie bewirkt, die schon seit einigen Jahrzehnten keine geographische Disziplin mehr ist, sondern eine Art Umweltphysik und -chemie. Es überrascht nicht, daß gerade junge Meteorologen von dieser

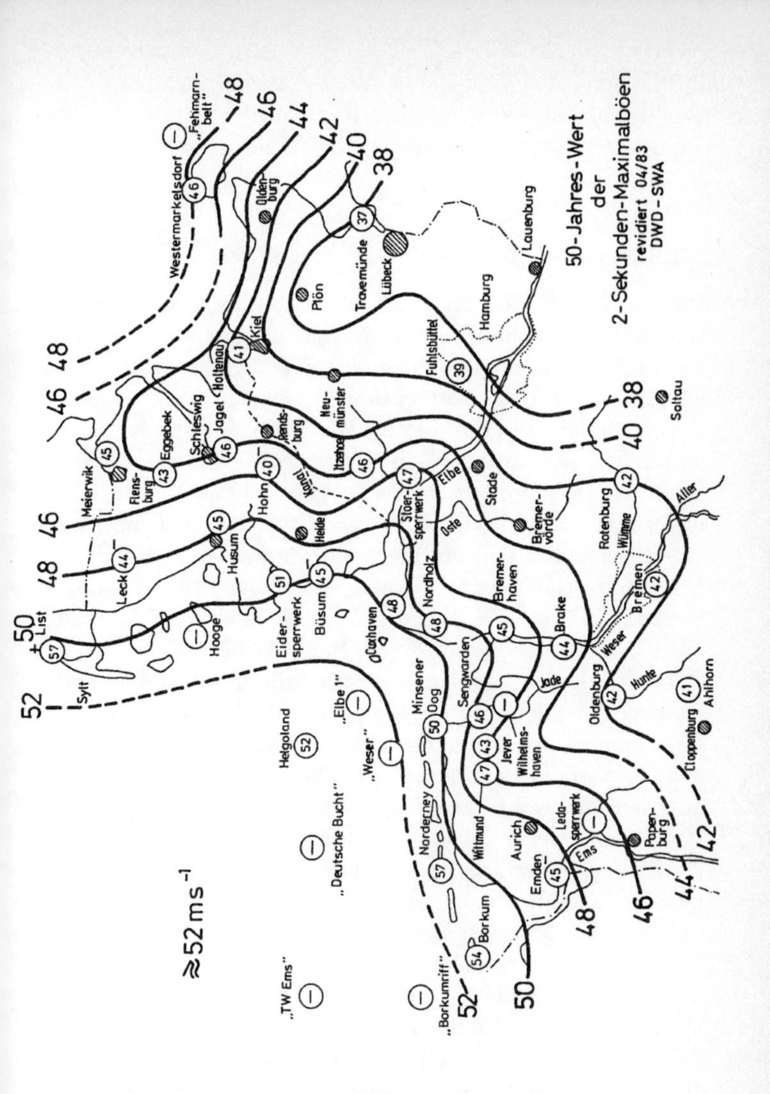

Abb: 7: Darstellung der 2-Sekunden-Maximalböen, die im Mittel einmal in 50 Jahren erreicht werden (mit freundlicher Genehmigung des Deutschen Wetterdienstes und H. Schmidt).

Entwicklung fasziniert waren und den Paradigmenwechsel in der Meteorologie vorantrieben. Im folgenden Abschnitt wird das Klimaverständnis dieser „neuen" Klimaforschung näher erläutert.

3.2 Klima als naturwissenschaftliches System

Um den Unterschied der beschreibenden, der geographischen Tradition verpflichteten Klimatologie zur physikalisch orientierten Klimaforschung zu demonstrieren, wollen wir uns zunächst mit der Treibhaustheorie des schwedischen Chemikers Svante Arrhenius (1859–1927) als Beispiel eines typischen „physikalischen Ansatzes" in der Meteorologie beschäftigen. Ende des 19. Jahrhunderts wurde unter Physikern und Chemikern die Frage diskutiert, welche Faktoren die Temperatur der bodennahen Luftschichten bestimmen. Hintergrund der Frage war die Erkenntnis, daß es vor Tausenden von Jahren Eiszeiten gab, so daß diese Temperatur erheblichen Schwankungen ausgesetzt gewesen sein muß. Arrhenius, der später für andere Leistungen den Nobelpreis für Chemie erhielt, postulierte ein Gleichgewicht zwischen der langwelligen Ausstrahlung (Wärmestrahlung) der Erde und der kurzwelligen Sonneneinstrahlung. Andernfalls müßte die Temperatur fallen oder steigen, bis dieses Gleichgewicht erreicht sei.

Würde zwischen der Sonne und der Erde, die die Wärmestrahlung empfängt, ein Vakuum herrschen, müßte die mittlere Lufttemperatur der Erde etwa –10 °C betragen. Dies ist offensichtlich nicht der Fall. Zwischen Sonne und Erdoberfläche befindet sich die Erdatmosphäre, die neben Wolken noch Wasserdampf und andere „Treibhausgase" enthält. Diese Gase, etwa Kohlendioxid oder Methan, fangen langwellige Strahlung ein und geben sie in alle Richtungen wieder ab, so daß die vom Boden abgestrahlte Energie, die eigentlich direkt in den Weltraum gehen sollte, zum Teil vorher abgefangen und zurückgeschickt wird in Richtung Erdoberfläche. Treibhausgase wirken in dieser Weise schon bei sehr geringen Konzentrationen. Das neben Wasserdampf häufigste Treibhausgas Kohlendioxid macht nur 0.03 Volumenprozent der Luft aus. Demgegenüber nimmt Sauerstoff 20 Volumenprozente ein und Stickstoff fast 80 %.

Nehmen wir an, daß nur 40 % der Wärmestrahlung zum Weltall „durchkommen" und 60 % der Energie zurückgestrahlt werden. Dann kommt am Boden nicht nur die kurzwellige Sonnenstrahlung an, sondern auch die von der Atmosphäre zurückgestrahlte Wärmestrahlung. Angenommen, unser System habe zunächst die oben genannte Temperatur von –10 °C, so würde es sich erwärmen, da es ja Energie akkumuliert. Die Erwärmung bewirkt eine Zunahme der Intensität der langwelligen Abstrahlung, wovon fortgesetzt nur 40 % das Weltall erreichen. Da die Abstrahlung mit der Temperatur wächst, strahlt die Erde mehr Energie ab. Die Erwärmung kommt zum Erliegen, wenn die 40 % der abgestrahlten Energie, die den Weltraum erreichen, die an der Erdoberfläche ankommende Strahlung kompensieren. Es stellt sich eine „Endtemperatur" ein, die beträchtlich höher ist als die ursprünglichen –10 °C. Da aber die Atmosphäre nicht nur langwellige Strahlung absorbiert und reemittiert, sondern auch den bodennahen Bereich gegen die kurzwellige Einstrahlung z.B. durch Wolken abschirmt, ist der Effekt abgemildert, so daß am Ende eine mittlere Temperatur von etwa 15 °C herauskommt, was ganz gut mit der Beobachtung übereinstimmt. (Diese Darstellung ist vereinfacht. Eine Reihe anderer Prozesse wie Konvektion modifiziert das Bild.)

Dies ist die „Treibhaustheorie", eigentlich eine irreführende Bezeichnung, denn die Temperatur in einem Gemüsetreibhaus ist aus anderen Gründen wärmer als die der umgebenden Luft. Bemerkenswert an dieser Theorie ist, daß sie bis heute, also 100 Jahre nach ihrer Veröffentlichung, in fast unveränderter Form als richtig anerkannt wird. Svante Arrhenius hat mit seinen Überlegungen auch gezeigt, daß Veränderungen der Kohlendioxidkonzentration in der Atmosphäre ursächlich für das Entstehen von Eiszeiten sein könnten. Untersuchungen von Eisbohrkernen haben tatsächlich gezeigt, daß die Eiszeiten mit erheblichen Variationen der Kohlendioxidkonzentrationen verbunden waren (Vostok-Eiskern; Abbildung 12). Ob dies allerdings wirklich eine Ursache für die Entstehung von Eiszeiten war oder aber eine Folge der veränderten klimatischen Bedingungen, läßt sich nicht genau sagen. Auch wurden inzwischen andere plausible Hypothesen für die Entstehung der Eiszeitzyklen vorgeschlagen.

Arrhenius berechnete auch den Anstieg der Lufttemperatur für den Fall eine Verdopplung der atmosphärischen Kohlendioxidkonzentration und fand einen mit heutigen Schätzungen vergleichbaren Wert von etwa 3 °C. Er hielt eine Verdopplung allerdings erst in 1000 und mehr Jahren für möglich, weil 85 % des in die Atmosphäre emittierten Kohlendioxids im Ozean gespeichert würde. Heute weiß man, daß die Aufnahme im Ozean zeitverzögert vor sich geht und daher eine Verdopplung der CO_2-Konzentration in wenigen Jahrzehnten durchaus möglich und sogar wahrscheinlich ist. Wir kommen in Kapitel 4 auf die Frage der anthropogenen Klimaänderungen zurück.

Bei diesen Überlegungen der Klimaforschung geht es nicht mehr nur darum, viele detaillierte Messungen zu verwalten und aufzuarbeiten, um für Planungen Hilfen aller Art zu erarbeiten. Vielmehr wird deduktiv von physikalischen Grundprinzipien ausgegangen, in diesem Falle vom Prinzip der Erhaltung der Energie, dem ersten Hauptsatz der Thermodynamik. Klima wird zum Gegenstand intellektueller Neugier, und die Bedeutung der Beobachtungen wird reduziert auf die Rolle der „Verifikation" von Hypothesen, Theorien und Modellen. Wiewohl es sich hierbei in erster Linie um Grundlagenforschung handelt, hat diese Wissenschaft Erkenntnisse erarbeitet, die heute die internationale Politik bewegen. Mehr dazu in Kapitel 4.

Andere bemerkenswerte Arbeiten, die auf die Erklärung der allgemeinen atmosphärischen Zirkulation abzielten – warum gibt es nördlich und südlich des Äquators die regelmäßigen Passatwinde? –, stammen von dem Engländer George Hadley im 17. Jahrhundert. Auch der Königsberger Immanuel Kant hat sich auf diesem Gebiet betätigt, als er Windbeobachtungen von Schiffen in Südostasien untersuchte und aus ihnen den Schluß zog, weiter im Süden müsse es einen Kontinent geben – das damals noch unbekannte Australien.

In der ersten Hälfte des 20. Jahrhunderts nahm die physikalisch orientierte Klimaforschung weiteren Aufschwung durch die Arbeiten von Forschern wie dem Norweger Vilhelm Bjerknes, der maßgeblich an der Aufklärung der inneren Struktur von Stürmen in den mittleren Breiten beteiligt war, dem Schweden Carl Gustav Rossby, der die Instabilität des Wetters in mittleren Breiten erklärte, und schließlich dem Amerikaner John von Neumann, der nach dem Zweiten Weltkrieg die Möglichkeiten der elektronischen Datenverarbeitung insbesondere für die Wettervorhersage erkannte und die ersten Ansätze auf den neu entwickelten Computern implementierte. Aus den ersten Computermodellen für die Wettervorhersage sind die heutigen Klimamodelle direkt hervorgegangen.

In der gegenwärtigen Klimaforschung wird das Klimasystem als Zusammenspiel bzw. als ein sich wechselseitig beeinflussender Prozeß von Atmosphäre, Hydrosphäre, Kryosphäre (also die Sphäre von Eis und Schnee) und Biosphäre verstanden und nicht als ein Prozeß, der sich im wesentlichen auf die bodennahe Atmosphäre beschränkt. Diese Art von Forschung ist nicht mehr deskriptiv, sondern zuallererst ein systemanalytischer Ansatz. Der Grundansatz läßt sich mit Hilfe des Bildes einer Verbrennungsmaschine beschreiben, die von einem Temperaturgegensatz zwischen Brennkammern und Kühler angetrieben wird, wobei im Falle der Atmosphäre die (tropischen) Brennkammern das „aktive Element“ sind, während im Falle des Ozeans der (subpolare) „Kühler“ für die Aufrechterhaltung der globalen Zirkulation sorgt.

Die Heizung der Atmosphäre erfolgt durch die Zufuhr von kurzwelliger Sonnenstrahlung, besonders in den Tropen. Die bodennahe Luft wird dort stark erwärmt, so daß die Luftschichtung instabil wird – weiter unten liegende Luft wird leichter als darüberliegende. Auf diese Weise entstehen starke vertikale Lufttransporte, die zudem dadurch verstärkt werden, daß Luft um so weniger Wasserdampf halten kann, je kühler sie ist. Ein aufsteigendes Luftpaket dehnt sich aus, kühlt sich ab und kann daher weniger Wasserdampf halten. Dadurch wird ein Teil des gasförmigen Wassers wieder flüssig. Bei dieser Kondensation wird die ursprünglich für die Verdampfung des Wassers eingesetzte Wärmeenergie wieder frei. (Man spricht auch von „latenter“ Wärmeenergie.) Diese freiwerdende Energie erwärmt die aufsteigende Luft, die dadurch nochmals leichter als ihre Umgebung wird und daher ihren Aufstieg fortsetzen kann. Wenn man in den Tropen mit dem Flugzeug unterwegs ist, kann man diesen Vorgang gut an den gewaltigen Wolkentürmen beobachten, die oft über die Flughöhe von 11 000 und mehr Metern hinausschießen.

In 10 000 bis 14 000 m Höhe fließt die nach oben transportierte Luft polwärts, sinkt schließlich langsam in den Subtropen wieder ab und schließt die Zirkulation am Boden mit einer äquatorwärtigen Strömung, den Passatwinden. Diese stationären Windregime sind dabei nicht genau nordwärts (auf der Südhalbkugel) bzw. südwärts gerichtet, sondern nordwestwärts bzw. südwestwärts wegen der ablenkenden Wirkung der Erdrotation (Coriolis-Kraft). Man nennt diese vertikale Struktur *Hadley-Zelle,* nach dem schon erwähnten George Hadley. Polwärts der Hadley-Zellen schließt sich in den mittleren Breiten auf beiden Halbkugeln je eine weitere vertikale Zellenzirkulation an. Man spricht von der *Ferrell-Zelle.* Beide Zellen transportieren nicht nur Wärme, sondern auch Impuls, so daß sich zwischen ihnen eine starke Westwindströmung, der *Strahlstrom,* ausbildet.

Dieser Strahlstrom ist instabil, und daher bilden sich horizontale, kurzlebige Wirbel von bis zu tausend Kilometern Durchmesser – unsere täglichen Begleiter, die Stürme. Diese Wirbel transportieren Wärme und Wasserdampf polwärts. Unterwegs wird Wärme ins Weltall abgestrahlt. Am Anfang des Weges überwiegt noch die Sonneneinstrahlung die Wärmeabstrahlung, aber je weiter wir polwärts kommen, um so weniger Sonnenstrahlung kommt an, und die Energiebilanz wird negativ – das System verliert mehr Energie, als es bekommt. Die Differenz wird durch den Transport durch die Winde (und die Ozeanströmungen) nachgeführt. Demnach ist der Wind durch die Differenz der atmosphärischen Energiebilanz (Nettogewinn in den tropischen Breiten; Nettoverlust in den polaren Breiten) verursacht. Ganz wie im Falle einer Dampflokomotive entsteht Bewegung – dort das Vor und Zurück der Pleuelstangen, hier der Wind – aus dem thermischen Ungleichgewicht von Kessel und Kühler bzw. Tropen und Polargebieten.

Im Prinzip ähneln sich die Zirkulationen der Süd- und Nordhalbkugel der Erde; allerdings gibt es auf der Nordhalbkugel wegen der größeren Landmassen noch eine ungleichmäßige Erwärmung in Ost-West-Richtung. Im Sommer erwärmt sich das Land schneller als der thermisch trägere Ozean, und im Winter kühlt sich der Ozean langsamer ab. Die Wirkung dieser Ungleichgewichte sind die Monsun-Windsysteme in den Tropen, aber auch großskalige andauernde meteorologische Unterschiede in Ost-West-Richtung auf der Nordhalbkugel. Auch die großen Gebirge der Nordhemisphäre, Himalaya, Rocky Mountains und Grönland, fördern diese Ost-West-Strukturen – die europäischen Gebirge einschließlich der Alpen spielen nur eine regionale Rolle.

Auf der Südhalbkugel findet man keine ausgeprägten Ost-West-Asymmetrien; vielmehr haben wir die oben skizzierte Struktur des instabilen Strahlstroms mit den eingelagerten Stürmen. Wegen dieser im ganzen Jahr gegenwärtigen Stürme heißen die mittleren Breiten auf der Südhalbkugel (in 40°–50° S) auch „roaring fourties“. Wenn man sich eine zeitlich gemittelte Bodendruckverteilung auf der Südhalbkugel ansieht, so findet man Isobaren (Linien gleichen Luftdrucks), die parallel zu den Breitenkreisen verlaufen. Ein Blick auf eine tägliche Wetterkarte zeigt aber, daß das Tagesgeschehen keinesfalls durch eine solche gleichmäßige Strömung charakterisiert ist – da sind fast immer vier bis sieben Stürme in dem die mittleren Breiten repräsentierenden Breitenkreisgürtel über dem südlichen Ozean. Da die Stürme überall in den mittleren Breiten auftreten, ergibt sich im zeitlichen Mittel eine gleichmäßige Verteilung auf der Südhalbkugel.

Die ozeanische Zirkulation wird durch zwei Mechanismen angetrieben: durch den Schub des über die Ozeanoberfläche blasenden Windes und durch Absinkvorgänge in subpolaren Breiten aufgrund der Abkühlung des Meerwassers und der Meereseisbildung. Die Zirkulation in den oberen Schichten des Ozeans wird im wesentlichen durch den Wind angetrieben, der für die planktonreichen Aufquellgebiete längs der süd- und nordamerikanischen Westküsten ebenso wie für den Golfstrom und sein nordpazifisches Pendant, den Kuroshio Strom vor den japanischen Inseln, verantwortlich ist. Die Physik dieser Zirkulation wird in einer auch für Nicht-Spezialisten wunderbar klaren Art in dem Buch *A View of the Sea. A Discussion between a Chief Engineer and an Oceanographer about the Machinery of the Ocean Circulation* des wegweisenden Ozeanographen Henry Stommel dargestellt: Stommel kleidet die Erklärung in eine Diskussion zwischen einem Ozeanographen und einem Schiffsingenieur, die gemeinsam auf Forschungsfahrt sind.

Die Zirkulation des „tiefen Ozeans", also die Strömungen des Ozeans in Tiefen von Tausenden von Metern, wird hervorgerufen durch Dichteunterschiede in der Vertikalen. Im Prinzip geschieht das gleiche wie in der Atmosphäre, nur wird nicht von unten erwärmt (in den Tropen), sondern von oben gekühlt (an den Oberflächen der subpolaren Ozeane). Diese Abkühlung macht das Wasser schwerer („thermischer Effekt"). Den gleichen Effekt hat die Bildung von Meereis, da Meersalz kaum in Eis eingelagert wird und statt dessen im flüssigen Wasser verbleibt – so erhöht sich der Salzgehalt im flüssigen Wasser, und das Wasser wird dadurch schwerer („haliner Effekt"). Wird das Oberflächenwasser schwer genug, so wird die vertikale Schichtung instabil, Konvektion setzt ein, und das Oberflächenwasser sinkt in die Tiefe. Dieser Vorgang findet im heutigen Klima im nördlichen Nordatlantik und im Südlichen Ozean am Rande der Antarktis statt. In der Tiefe gibt es dann Ausgleichsbewegungen weg von den Absinkgebieten; in anderen Gebieten, wie dem Pazifischen Ozean, steigt das Wasser schließlich wieder auf. Man bezeichnet diese Zirkulation als *thermohalin*.

Die thermohaline Zirkulation ist viel langsamer als die

windgetriebene Zirkulation, so daß sie für den Zustand an der Ozeanoberfläche weniger wichtig ist – aber sie bestimmt den Zustand des tiefen Ozeans und damit langfristig auch das Klima an der Oberfläche. Tatsächlich ist der heutige kalte Zustand des tiefen Ozeans – in der Nähe des Ozeanbodens ist die Wassertemperatur in der Nähe des Gefrierpunktes – durchaus keine Notwendigkeit. Wie erstmals der Amerikaner Thomas Chalm Chamberlin 1907 darstellte, war in früheren erdgeschichtlichen Zeiten der tiefe Ozean nämlich warm (siehe dazu etwa van Andel, 1994). Für einen vollständigen Zyklus auf dem „Förderband" der globalen thermohalinen Zirkulation braucht das Wasser 1000 bis 2000 Jahre. Das Wasser, das sich heute am Boden des Atlantiks befindet, hat seine Reise von der Oberfläche dorthin zu Wikingerzeiten angetreten. Das langsame Absinken des Wassers in die Tiefen des Ozeans kann sehr gut anhand des Vordringens von Radiokohlenstoff (^{14}C) nachvollzogen werden.

Der Ozean ist im Klimageschehen keine passive Komponente, die auf die Geschehnisse in der Atmosphäre reagiert: Er wirkt massiv auf die Atmosphäre ein, indem er eine Temperatur an der Unterseite der Atmosphäre vorgibt und außerdem die wichtigste Quelle für Wasserdampfeinträge in die Atmosphäre ist. Man vergegenwärtige sich, daß die Ozeane 71% der Erdoberfläche ausmachen. Der in die Atmosphäre gelangte Wasserdampf beeinflußt ihre Strahlungseigenschaften und damit die Energiemengen, die die Atmosphäre von der Sonne aufnimmt und die sie zurück in das Weltall gibt. Dort, wo Wasserdampf kondensiert, wird thermische Energie freigesetzt. Der kondensierte Wasserdampf fällt als Regen oder Schnee zum Boden, dringt ins Erdreich ein und läuft über Flüsse zurück in das Meer, so daß der Kreislauf geschlossen ist.

Die Kryosphäre besteht aus Eis- und Schneegebieten der Erde, die in der Klimamaschinerie zwei Funktionen haben: zum einen isolieren sie den Ozean bzw. den Erdboden von der Atmosphäre, so daß der Wärme- und Feuchteaustausch reduziert wird. Zum anderen haben Eis- und Schneeflächen eine höhere „Albedo" als andere Flächen wie Ozean, Wüste und mit Vegetation bedeckte Erdoberfläche. Die Albedo ist der relative Anteil der einfallenden Sonnenstrahlung, der reflektiert wird. Bei Neuschnee sind dies bis zu 95%, während es über See weniger als 10 % sein können.

Die Atmosphäre der Erde, die im alltäglichen Sprachgebrauch einfach als Luft bezeichnet wird, ist also kein isoliertes physikalisches System, sondern steht in mannigfaltigen Ursache-Wirkung-Beziehungen mit den anderen Sphären der Erde.

Wie schon erwähnt, erzeugt die Klimamaschinerie Variationen auf allen Zeitskalen, wobei die zugrundeliegenden Mechanismen verschieden sind. Abgesehen von den schon erwähnten beiden externen Zyklen Tages- und Jahresgang entsteht diese Variabilität weitgehend durch interne Vorgänge. Die entscheidenden Stichworte sind „Nichtlinearität" und „unendlich viele, miteinander wechselwirkende Faktoren". Der erste Effekt ist der „Schmetterlingseffekt": Der Schlag eines Schmetterlings kann die Entwicklung des Systems radikal verändern. Aus beliebig kleinen Ursachen können schnell große Wirkungen entstehen. Der zweite Effekt läßt sich bildlich darstellen als das Vorhandensein von Abermillionen Schmetterlingen, die ununterbrochen ihre Flügel schlagen – die Wirkung all dieser Flügelschläge ist regellos und erscheint zufällig. Die Dynamik des Klimasystems transformiert diese scheinbare Zufälligkeit in geordnete großskalige Variationsmuster.

Zu den äußeren Faktoren, die Schwankungen im Klimasystem verursachen, gehören die ozeanischen und atmosphärischen Gezeiten. Weitere Aspekte betreffen die Variationen in der Strahlung der Sonne, Veränderungen der optischen Eigenschaften der Stratosphäre aufgrund von Vulkanausbrüchen, Veränderungen der Erdbahnparameter und Veränderungen der Lage und der Topographie der Kontinente. Die Gezeiten, die durch die Schwerkraft zwischen Mond bzw. Sonne und Erde hervorgerufen werden, wirken sehr schnell. Die Wirkung der Vulkane ist auf ein, zwei Jahre beschränkt. Das Ausmaß der Wirkung der Sonnenaktivität ist umstritten; und die anderen beiden Prozesse laufen auf Zeitskalen von Tausenden bis

Millionen von Jahren ab (mehr dazu im bereits erwähnten Buch von van Andel).

Abschließend wollen wir noch auf die Beziehung zwischen globalem und regionalem bzw. lokalem Klima eingehen. In der klassischen Tradition erschließt sich die Kenntnis vom globalen Klima aus der Kenntnis aller regionalen Klimate. Im naturwissenschaftlichen Sinne ist dieser Zugang nicht zutreffend. Wie wir gesehen haben, bestimmen die unterschiedlichen Strahlungsregime in hohen und niederen Breiten die globale Struktur der atmosphärischen (und ozeanischen) Zirkulation, mit den Zellenstrukturen in den Tropen und den Westwind- und Sturmzonen in den mittleren Breiten, die durch das Vorhandensein der großen Gebirge und der allgemeinen Struktur der Land-See-Verteilung modifiziert werden. Tatsächlich sind nur die allergrößten Strukturen für die Ausgestaltung des globalen Klimas von Belang – das Verschwinden des australischen Kontinents wirkt sich, zumindest in der Kalkulation eines Klimamodells, nicht verändernd auf das globale Klima aus (aber natürlich auf das Klima der Region Australien).

Das regionale Klima wiederum ist das durch die regionalen Umstände, also etwa Landnutzung (Wüste, Tropischer Regenwald, Steppe), regionale Gebirge (Alpen) und Randozeane (Mittelmeer) und große Seen (Kaspisches Meer), modifizierte globale Klima. Die lokalen Klimate entstehen aus den regionalen Klimaten durch Anpassungen an lokale Details, wie große Städte, kleine Seen (Bodensee) und kleine Gebirge (Harz). Die Richtigkeit dieser „Kaskadenansicht" des Klimas zeigt sich am Erfolg der Klimamodelle, die je nach Grad an Komplexität nur Strukturen darstellen, die sich über mindestens viele hundert oder sogar einige tausend Kilometer erstrecken. Insofern gibt es in solchen Modellen keine Lokalklimate, aus denen Regionalklimate aufgebaut sein könnten, und auch die Regionalklimate sind in der Regel nur unzureichend dargestellt – trotzdem sind diese Modelle erfolgreich bei die Darstellung des globalen Klimas.

Schließlich wollen wir noch kurz auf das naturwissenschaftliche Verständnis meteorologischer Ereignisse eingehen, die im Alltag eine entscheidende Rolle spielen, nämlich das Wetter.

Wetterkarten geben den aktuellen Zustand der Atmosphäre wieder. Darauf sind die wichtigsten Variablen der Wetterlage dargestellt: Luftdruck, Windrichtungen und -stärken und Lufttemperatur. Wetterkarten eignen sich zur Darstellung der bis zu einige 1000 Kilometer großen Tief- und Hochdruckgebiete. In den großräumigen Strukturen sind noch kleinere Strukturen wie Regengebiete eingebettet.

Der zeitliche Ablauf der auf den Wetterkarten dargestellten Wetterlage, insbesondere die Entwicklung, Wanderung und der Zerfall von Hoch- und Tiefdruckgebieten unterscheidet sich grundlegend von den extern bestimmten Zyklen Tages- und Jahresgang. Das Wetter ist aufgrund seiner Eigendynamik nur für einen der ungefähren Lebensdauer der Tief- und Hochdruckgebiete entsprechenden Zeitraum von meist einigen Tagen vorhersagbar. Die Schwierigkeit, Vorhersagen zu formulieren, wächst mit der Instabilität von Großwetterlagen. Die Vorhersage für das Eintreffen kleinerer, kurzlebigerer Gebilde wie Regenbänder oder Gewitterzonen ist nur für Stunden oder einen Tag im voraus möglich.

3.3 Klima als soziales Konstrukt

Wetter und Klima sind für den Menschen seit jeher von großer Bedeutung. Gespräche über das Wetter haben im Alltag einen hohen Stellenwert, Indispositionen jeglicher Art werden gerne dem Wetter zugerechnet, kein modernes Massenmedium könnte auf regelmäßige Wettervorhersagen verzichten. Die Analyse des Klimas, insbesondere seine Auswirkungen auf Mensch und Gesellschaft, übte schon immer eine Faszination auf den Menschen und die Wissenschaft aus.

So bemerkte etwa der berühmte Arzt und Anthropologe Rudolf Virchow vor mehr als hundert Jahren vor einer Versammlung von Naturforschern über die Problematik der Akklimatisation: „*Es ist bekannt, daß ein Mensch, der aus seinem Vaterland in ein anderes Land kommt, welches we-*

sentlich ... verschieden ist, wenn er auch vielleicht im ersten Augenblick eine gewisse belebende Auffrischung erfährt, nach kurzer Zeit, meist schon nach wenigen Tagen anfängt, sich etwas unbehaglich zu fühlen, und daß er einiger Tage, Wochen, ja Monate je nach Umständen bedarf, um wieder das Gleichgewicht zu finden. ... das ist etwas so allgemein Bekanntes, daß jedermann das weiß und erwartet; man setzt voraus, daß jeder, der in ein solches Land kommt und nicht ganz unvorsichtig ist, Vorsichtsmaßregeln gebraucht, um diese Periode zu erleichtern." Virchow ging so weit zu behaupten, daß sich die menschlichen Organe in dieser Phase der Akklimatisierung regelrecht verändern und daß es sich dabei, wie er sagt, um mehr als eine Art Umkostümierung des Menschen handeln muß. Dieser Anpassungsprozeß kann nach Virchow sogar in eine Klimakrankheit münden. Die neuen Organverhältnisse, so seine Folgerung, lassen sich dann noch vererben, so daß es zu einer permanenten Akklimatisation, auch der Nachkommenschaft, kommt.

Es gibt historische Zeitabschnitte, in denen die Beschäftigung mit dem Klima und seinem Einfluß auf Mensch, Gesellschaft oder ganze Zivilisationsabschnitte, auf Staatsformen, Krankheitssymptome, Wahrheit, Moral usw. zu einer der wichtigsten Fragen der Wissenschaft wurde. Von diesen vielfältigen Bemühungen und ihrem heutigem Echo soll noch ausführlich in einem späteren Abschnitt die Rede sein.

Alltägliche und mehr systematische Vorstellungen über Wetter und Klima waren in einer Zeit, in der religiöse Weltbilder dominierten, eng mit religiösen und astrologischen Anschauungen verbunden. Im Altertum waren die Götter für das Wetter verantwortlich. Priester spielten die Vermittlerrolle. Sie konnten bei den Göttern Auskunft über zukünftige Wetterlagen einholen. Allerdings beschränkte sich die Funktion der Priester nicht nur auf das Einholen von Wetterprognosen: Rituale und symbolische Handlungen unterschiedlichster Art sollten die Götter beeinflussen, bestimmte Wetterlagen zu senden.

Im Mittelalter galten böse Geister als für Wetter und Wetterextreme verantwortlich. Frauen wurden als Wetterhexen denunziert und verbrannt. Wetterextreme wie Hochwasser, Dürre, Hagel, aber auch deren indirekte, keineswegs seltene Folgen wie Mäuseplagen, Pest, Viehseuchen, Mißernten wurden als Wiederkehr biblischer Plagen interpretiert oder sogar als Zeichen der beginnenden Endzeit. Solche Ereignisse und deren soziale und wirtschaftliche Folgen, wie zum Beispiel knappe und teure Lebensmittel, waren in den Augen der Menschen keine zufälligen Vorkommnisse, sondern Strafaktionen Gottes für ein sündhaftes Verhalten der Menschen. Die schlimmsten aller Sünden wurden von den Hexen begangen, die unerbittlich verfolgt wurden. Die Hexenverfolgung war, wenn man so will, eine Art Klimapolitik jener Zeit.

Es gab auch die umgekehrte Tendenz, aus klimatischen Bedingungen auf religiöse Glaubenssysteme zu schließen. Voltaire zum Beispiel war überzeugt, daß der Monotheismus ursprünglich in Wüstenregionen entstand. Der Versuch, die Vielfalt und Eigenart religiöser Weltbilder und Glaubensvorstellungen mit Hilfe klimatischer Faktoren erklären zu wollen, hält neuerer Forschung aber nicht stand.

Babylonier und Ägypter versuchten, anhand von astronomischen Konstellationen Wetterprognosen zu formulieren. Griechische Philosophen führten diese Kunst fort. Ebenso verbreitet war die astronomische Wetterprophetie im klassischen römischen Reich. Daneben kamen auch astrologische Vorstellungen mit einem geozentrischen Weltbild ins Spiel: Alles außerhalb der Erde ist auf die Erde bezogen und für die Erde da. Die sieben damals bekannten Planeten waren eine Art Wetterregenten, die auf ihre Weise über das Wetter auf der Erde entschieden. Saturn, der oberste der Planeten, war für kalte und feuchte Wetterlagen verantwortlich. Der Merkur war kalt und trocken, während die Sonne natürlich für Wärme, aber nicht zu heiße und trockene Bedingungen verantwortlich war. Jeder Wochentag wie auch jedes Jahr stand unter der Herrschaft eines der sieben Planeten. Es war deshalb relativ leicht vorherzubestimmen, welches Wetter in einem bestimmten Jahr dominieren würde: Man brauchte nur die Jahreszahl durch sieben zu teilen. 1996 dividiert durch sieben gibt den Rest von eins. Damit wäre das Wetter dieses Jahres durch den ersten Planeten, die Sonne, bestimmt. 1996 sollte demnach ein warmes und trockenes Jahr sein. 1997 wäre dagegen durch die Venus beeinflußt und würde daher mehr feucht als trocken.

Die Astrologie ist keineswegs verschwunden. Sie lebt weiter und hat für manche auch heute noch eine Bedeutung in der Konstruktion von Wetterprognosen. Wie Kepler, der sich selbst der Herrschaft der Astrologie nicht entziehen konnte, unterstreicht: „*Die Astrologie ist der Astronomie närrisches Töchterlein; aber sie ernährt ihre Mutter.*" Der hundertjährige Kalender verkauft sich auch heute noch gut und findet eine weite Anwendung und Zustimmung.

3.4 Gesellschaft und Mensch als klimatisches Konstrukt

Die klassische Periode in der Diskussion der Klimafolgen umfaßt die Vorstellungen griechischer und römischer Philosophen, insbesondere Hippokrates, Plato und Aristoteles, sowie die Beobachtungen im frühen Mittelalter und der Renaissance. Eine besondere Rolle spielen die Arbeiten des Arztes Hippokrates von Kos (etwa 460 bis etwa 377 v. Chr.), zumal seine Thesen im Mittelalter, in der Renaissance und im Zeitalter der Aufklärung erneut Einfluß gewannen. Sein uns überliefertes Buch *Luft, Wasser und Ortschaften* gehört zu den ersten umfassenden Studien über die Wirkungen des Klimas auf menschliches Befinden. Er schreibt über die Bedeutung von Klima, Wasser und Bodenbeschaffenheit für die physische und psychische Konstitution der Einwohner eines Landes. Er stellt einen Bezug her zwischen den Lebensgewohnheiten und Eigenschaften der Menschen an verschiedenen Orten und den klimatischen Bedingungen. Eine seiner Hypothesen war, daß fruchtbare Landschaften „weiche" Individuen hervorbrächten und weniger fruchtbare Landstriche „heroische" Individuen. Die Natur in Form des Klimas war für Hippokrates Maßstab und Richtschnur zur Diagnose von Gesundheit und Krankheit. Ein naturgemäßes Leben – und diese Überzeugung fand ihr Echo Jahrhunderte später im Werk des französischen Aufklärers Montesquieu – hieß, seinem von der Natur geprägten genuinen Wesen entsprechend zu leben.

Die zweite Phase begann im Zeitalter der Aufklärung, als die Diskussion über den Stellenwert des Klimas mit erneuter Intensität geführt wurde. Wissenschaftliche Akademien waren bemüht, mit Hilfe von ausgelobten Preisfragen der „Wahrheit" näherzukommen. So war eine Preisfrage des Jahres 1743: *„Werden die unterschiedlichen Gemütsarten der Menschen auch von dem Klima beeinflußt, unter dem sie geboren werden?"* Die wichtigsten Kommentare und Schlußfolgerungen zur Rolle des Klimas aus diesem Geschichtsabschnitt verdichten sich in eine Bildungstradition, deren Wirkungen man bis auf den heutigen Tag verspürt. Man ging davon aus, wie Montesquieu es ausdrückte, daß es kein mächtigeres Reich als das des Klimas gäbe. Für den Philosophen Hegel war es eine Selbstverständlichkeit, daß eine „Kultur" sich eigentlich nur im Rahmen eines moderaten Klimas entwickeln könne. Die großen Lexika aus dieser Zeit unterstellen es als Tatsache, daß ethnische Unterschiede Ausdruck klimatischer Unterschiede seien.

Der französische Philosoph Montesquieu (1689–1755) argumentierte in seiner zuerst 1748 veröffentlichten Theorie der Gewaltenteilung, daß es keine an sich beste Staatsform gibt, sondern daß Institutionen und Recht in einem Staat mit den gegebenen natürlichen Bedingungen und der „Natur" der Menschen harmonieren müssen. Montesquieu behauptete, daß die beobachtbare menschliche Vielfalt oder ethnische Diversität Resultat der ihnen jeweils eigenen klimatischen Bedingungen ist. Die Beeinflussung der menschlichen Charaktereigenschaften vom Klima wird für Montesquieu zur wichtigsten Erklärungsursache unterschiedlicher gesellschaftlicher und kultureller Phänomene, seien es politische Institutionen, Familienstrukturen oder philosophische Systeme. Demnach sind Menschen in kalten Klimazonen kognitiv und physisch aktiver als Menschen in warmen Klimagebieten.

Johann Gottfried Herder (1744–1803) beschäftigt sich unter der Überschrift *„Was ist Klima? und welche Wirkung hats* *auf Bildung des Menschen an Körper und Seele?"* in seinem Hauptwerk *Ideen zur Philosophie der Geschichte der Menschheit* ausführlich mit der Klimaproblematik, allerdings in einer skeptischeren Weise als Montesquieu. Er betont gleich zu Beginn seiner Abhandlung, daß unsere Erkenntnisse über das Klima *„schwer und trüglich"* sind. Besonders gewagt sind aber die Rückschlüsse aus solchen unsicheren klimatischen Erkenntnissen auf *„ganze Völker und Weltgegenden, ja auf die feinsten Verrichtungen des menschlichen Geistes und die zufälligen Einrichtungen der Gesellschaft"*. Schlüsse wie die von Montesquieu werden immer durch gegenteilige historische Beispiele widerlegt. Freilich, so betont Herder trotz dieser Vorbehalte, *„sind wir ein bildsamer Thon in der Hand des Klimas; aber die Finger desselben bilden so mannichfalt, auch sind die Gesetze, die ihm entgegen wirken so vielfach, daß vielleicht nur der Genius des Menschengeschlechts das Verhältnis aller dieser Kräfte in eine Gleichung zu bringen vermöchte"*.

Trotz dieser kritischen Vorbehalte Herders scheint die Vorstellung, daß das Klima einen wesentlichen, bestimmenden Einfluß auf den Menschen und seine Zivilisation hat, im 19. Jahrhundert den Status von Lehrbuchwissen angenommen zu haben. So schreibt Friedrich Umlauff in seinem 1891 veröffentlichten Lehrbuch *Das Luftmeer. Die Grundzüge der Meteorologie und Klimatologie nach neuesten Forschungen* ohne Umschweife und Vorbehalte: *„Und nun erst der Mensch! Da ... die Erde nicht bloß die Wohnstätte, sondern auch das Erziehungshaus des Menschengeschlechts ist, so müssen wir die Rassen-, Nations- und Culturunterschiede zunächst mit den Klimaverhältnissen in Zusammenhang bringen. Wie verschieden faßt zumeist durch das Klima die Natur den Menschen an, den einen, indem sie in überschwenglicher Fülle ihm spendet, was sie zu bieten vermag, zu bequemer Sorglosigkeit verführend, den anderen, indem sie ihn durch die harte Schule von Mühe und Entbehren zwingt, zur vollen Entfaltung seiner körperlichen und geistigen Kräfte geleitend ... So steht selbst die Literatur eines Volkes in geheimnisvollen Zusammenhängen mit den meteorologischen Elementen des von ihm be-*

wohnten Theils des Erdballes. Ein Gleiches könnte man hinsichtlich der philosophischen Lehrsysteme nachweisen. So hängt die ganze menschliche Cultur mit den Verhältnissen und Vorgängen des Luftkreises zusammen. Mit Recht sagt daher Peschel, Nordeuropa habe es seinem Regen zu allen Jahreszeiten zu verdanken, daß es der Sitz der höchsten Gesittung wurde, so wie China seinem Sommerregen die hohe Civilisation in früher Zeit ..."

Die dritte Auseinandersetzung mit der Klimaproblematik begann in der zweiten Hälfte des 19. Jahrhunderts und dauerte bis in die späten dreißiger Jahre des 20. Jahrhunderts. Teilnehmer dieser internationalen Diskussion waren Wissenschaftler verschiedenster Fachrichtungen wie etwa Anthropologen, Historiker, Mediziner, Geographen, Soziologen usw. Diese Diskussion ist durch den dezidierten Versuch gekennzeichnet, den Einfluß des Klimas auf Gesellschaft und Mensch nicht nur zu postulieren, sondern auch zu quantifizieren.

Der an der amerikanischen Yale University forschende Geograph Ellsworth Huntington (1876–1947) gehört zu den wichtigsten Autoren dieser Zeit (eine Biographie bietet Martin, 1973), die sich enthusiastisch mit der Frage der Konsequenzen des Klimas für Mensch und Gesellschaft auseinandersetzen. Er scheint bei der Verbreitung seiner Ideen und Vorstellungen in seiner Zeit besonders erfolgreich gewesen zu sein und ist in gewissen Zirkeln auch heute noch berühmt oder auch berüchtigt. In seinem in diesem Zusammenhang besonders interessanten, zuerst 1915 veröffentlichten Hauptwerk *Civilization and Climate* vertritt er die Überzeugung, daß das Klima während der gesamten Geschichte der Menschheit als kausaler Faktor verstanden werden muß. Für die „*geographische Verteilung menschlichen Fortschritts*", wie Huntington dies nannte, waren für ihn die jeweiligen klimatischen Verhältnisse die für die Entwicklung von Zivilisationen entscheidenden prägenden Bedingungen neben den Faktoren „Rassenzugehörigkeit" sowie „kultureller Entwicklungszustand". Aufstieg und Zerfall von Zivilisationen und klimatische Bedingungen gingen dieser Vorstellung nach Hand in Hand.

Optimale klimatische Bedingungen, das heißt eine bestimmte Kombination von Temperatur und Temperaturvariabilität, bestimmen nach Huntington wirtschaftliche Leistung einer Gesellschaft und die Gesundheit ihrer Bürger. Jede Abweichung vom klimatischen Optimum hat eine Verminderung von Wohlbefinden und Leistung zur Folge. Ändert sich das Klima, so ändert sich auch die physische und kognitive Leistung und das gesundheitliche Befinden der Menschen.

Der Inhalt der Arbeiten der Wissenschaftlergeneration Huntingtons läßt sich nicht leicht auf einen Nenner bringen, sieht man einmal davon ab, daß man gemeinsam versuchte, eine chaotische Vielzahl von physischen, psychologischen und sozialen Phänomenen auf das herrschende Klima zurückzuführen. Die Liste der vorgeschlagenen Klimavariablen und der durch sie angeblich ausgelösten Wirkungen ist fast beliebig und offenbar nur durch die Phantasie des Denkers begrenzt. Sie reicht von den konventionellen Größen wie Temperatur, Luftfeuchtigkeit und Windigkeit zu exotischeren Größen wie magnetische Stürme, Ozongehalt der Atmosphäre, Sonnenflecken oder Mondphasen. Eine Aufzählung der Wirkungen umfaßt zum Beispiel die Lebenserwartung, Kriminalitätsraten, den Zerfall des Römischen Reiches, Tuberkulose, Intelligenz, die Zahl der Beschäftigten, der Selbstmorde, der Heiraten, aber auch wirtschaftliche Krisen, die Zahl der aus öffentlichen Bibliotheken ausgeliehenen „ernsten" Bücher, politische Revolutionen, religiöse Kriege, polizeiliche Festnahmen, Unruhen oder Aktienkurse.

Eckwert aller quantitativen Schlußfolgerungen Huntingtons sind Produktionsziffern von Akkordarbeitern aus den Jahren 1910–1913 in Neuenglandstaaten der USA. Die von den Arbeitern pro Monat produzierten Stückzahlen setzte Huntington in Verbindung mit der durchschnittlichen Außentemperatur. Auf diese Weise bestimmte er die Abhängigkeit der „klimatischen Energie" von der Jahreszeit und Arbeitstemperatur. Ideal war demnach eine Außentemperatur von etwa 15 °C. Die produzierten Stückzahlen zeigen eine geringere „Effizienz" der Akkordarbeiter im Januar, danach einen stetigen Anstieg bis zu einem Maximum im Monat Juni, im Verlauf des Sommers fallen die Ziffern, um aber Ende Oktober/Anfang November ein erneutes Maximum zu erreichen. In ähnlicher Weise wurden auch die intellektuellen Leistungen von Schülern und Kadetten analysiert.

Mit Hilfe dieser Eckdaten und der Durchschnittstemperaturdaten von ungefähr 1100 Wetterstationen der Welt konstruierte Huntington eine Weltkarte der „klimatischen Energie" (Abbildung 8). Unausgesprochene Prämisse dieser Vorgehensweise war, daß die für Neuengland abgeleiteten Zusammenhänge global zutreffen. Auf einer zweiten Karte sind die Regionen der Welt entsprechend ihrer „zvilisatorischen Werte" markiert (aufgrund einer Umfrage unter 50 Wissenschaftlern aus 15 Ländern; Abbildung 9). Beide Weltkarten ähneln einander – für Huntington der Beweis, daß das Klima einen entscheidenden Einfluß auf die zivilisatorische und kulturelle Entwicklung unterschiedlicher Regionen der Welt hat und weiter haben wird.

Dieser Hypothese zufolge herrscht das insgesamt beste stimulierende Klima in Europa in dem durch die Städte Liverpool, Kopenhagen, Berlin und Paris begrenzten Rechteck. An Kandidaten für das beste Klima finden sich auf dem nordamerikanischen Kontinent eine Reihe von Regionen, so zum Beispiel im Nordwesten der Pazifischen Küste (Seattle, Vancouver), New Hampshire in Neuengland bis zur Stadt New York; aber auch Neuseeland und Teile Australiens haben ein gutes Klima. Auf der Basis dieser Einsicht empfahl Huntigton den in Gründung befindlichen Vereinten Nationen dringend, ihr Hauptquartier in Providence, Rhode Island, zu nehmen, da in diesem Ort das produktivste Klima der Welt zu finden sei.

Wie schon erwähnt, wurden Klima und Genetik als komplementäre Faktoren für den „Erfolg" von Zivilisationen verstanden. Insofern überrascht es nicht, daß Huntington auch führendes Mitglied der amerikanischen Eugenik-Bewegung in den zwanziger und dreißiger Jahren war. In der Eugenik fand die im 19. Jahrhundert verbreitete Angst vor einer Degeneration

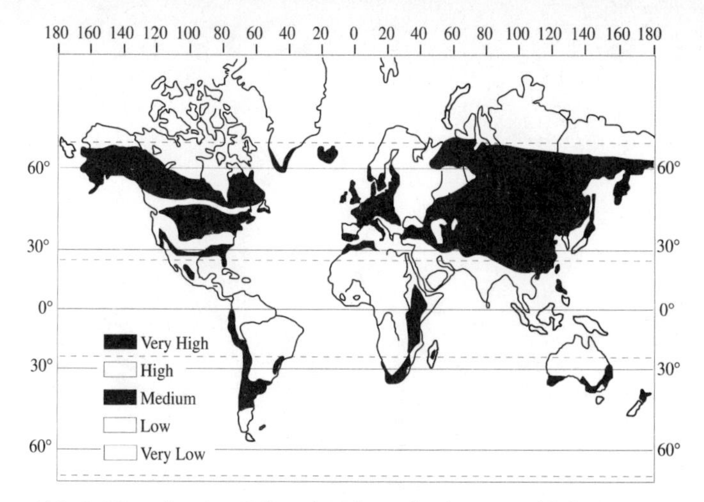

Abb. 8: Die weltweiten Folgen des Klimas für die „menschliche Energie" im Sinne von erwarteten Produktionsergebnissen (nach Huntington, 1924: *Civilization and climate.* Third edition, New Heaven, Yale University Press).

oder Entartung der Menschheit ihren wissenschaftlichen Anstrich. In ihrem Programm der Menschenzucht bot die Eugenik zugleich eine politische Antwort auf die von ihr an die Wand gemalte Gefahr. Eine der Thesen, die dabei eine gewichtige Rolle spielte, war die der Anpassung unterschiedlicher Rassen an klimatische Gegebenheiten. Der Rassenbegriff war eine der zentralen Kategorien der Eugenik. Für Eugeniker war die erfolgreiche Anpassung an die jeweiligen geographischen Lebensbedingungen (und dies hieß für Huntington und seine Mitstreiter in erster Linie das Klima) ein zentrales Problem. Der Anpassungsprozeß wurde dabei nicht als eine historisch begrenzte Notwendigkeit oder als eine Art „opportunistisch" flexible Annäherung an die Umwelt verstanden, sondern als ein universaler Vervollkommnungsprozeß, der zumindest teilweise durch rassenspezifische Anlagen oder Möglichkeiten bestimmt und begrenzt wird.

Vor dem Hintergrund dieser Gedanken werden bestimmte

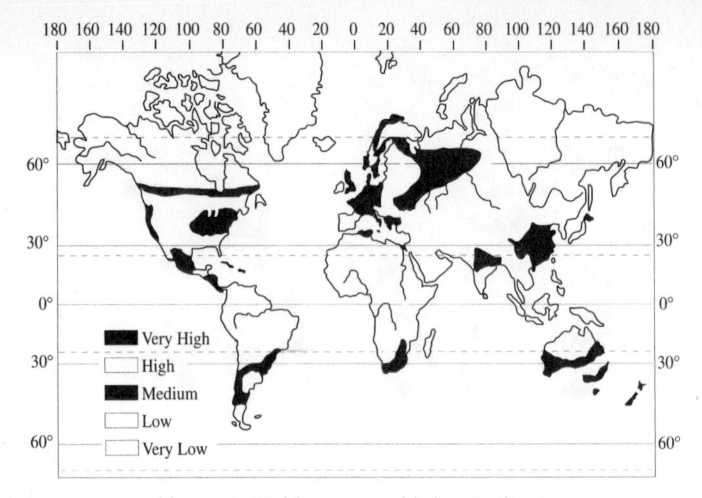

Abb. 9: Die Weltkarte menschlicher Zivilisation
(nach Huntington, 1924: *Civilization and climate*. Third edition,
New Heaven, Yale University Press).

groteske Aussagen von Huntington etwas verständlicher, wie etwa jene, daß die in den nördlichen Regionen der Vereinigten Staaten lebenden Afroamerikaner nur deshalb bisher nicht völlig verschwunden seien, weil ihre dauernd geringer werdende Anzahl durch Zuzüge aus den Südstaaten immer wieder ergänzt würde. Amerikaner skandinavischer Abstammung seien dagegen in den trockenen und sonnigen Regionen der Vereinigten Staaten wenig erfolgreich. Ihre Sterblichkeitsrate sei so hoch, daß sie ohne Neuzugänge in wenigen Generationen dort „ausgerottet" sein würden. Im feuchten pazifischen Nordwesten der USA blühten die Skandinavier dagegen geradezu auf. Der Grund für Erfolg (bzw. Vervollkommnung) und Mißerfolg (bzw. Degeneration) lag für Huntington auf der Hand: Unter „heimatlichen" klimatischen Bedingungen, die einem wie ein angeborenes und damit unüberwindbares Schicksal folgen und verfolgen, kann man sich zwar an bestimmte kulturelle Gegebenheiten erfolgreich anpassen, an ein fremdes Klima aber nicht. Und da die klimatischen Bedingungen nach Huntington eine entscheidende Rolle spielen, sind bestimmte Regionen der Welt für bestimmte Personen entweder ideal oder geradezu vernichtend. Ändert sich das Klima, ist der erfolgreich angepaßte Mensch natürlich ebenfalls verdammt. Die höchste Stufe der Zivilisation sollten solche Völker erreichen, die, durch entsprechende Prädisposition geprägt, „ihrem" Klima perfekt angepaßt sind.

Eine bis auf den heutigen Tag geltende Kritik an Huntingtons Klimadeterminismus formulierte der russisch-amerikanische Sozialwissenschaftler Piritim A. Sorokin (1889–1968) in seinem Buch *Contemporary Sociological Theories* erstmals 1928. Sorokins Kritik basiert im wesentlichen auf der auch von Huntington benutzten Logik. Er leugnete nicht den Sinn einer quantitativen Untersuchung der Beziehung von Gesellschaft und Klima, zeigte aber, daß die von Huntington verwendeten Daten in vielen Fällen völlig unzulänglich sind. Teilweise sind es äußerst fragmentarische Daten, oder sie werden durch andere Zahlen ganz einfach widerlegt. Sorokin verweist auf andere und vermutlich zutreffendere Interpretationsmöglichkeiten von Huntingtons quantitativen Ergebnissen. Daten anderer Forscher zu Beginn des Jahrhunderts weisen darauf hin, daß es gar keinen eindeutigen und gleichförmigen Einfluß klimatischer Faktoren auf die Arbeitseffizienz gibt. Schließlich sind die stündlichen und täglichen Unterschiede in der Arbeitseffizienz sehr viel größer als Schwankungen, die man in Verbindung mit klimatischen Faktoren beobachten kann. Die von Huntington gewählten Erhebungsmethoden, die Auswahlverfahren oder die statistischen Verfahren zur Bearbeitung der Daten führen zu systematischen Fehlschlüssen, so daß die Resultate des quantitativen Huntingtonschen Ansatzes insgesamt fragwürdig erscheinen.

Huntington hat sich von der Kritik Sorokins nicht beeindrucken lassen. Er nahm keine seiner zentralen Thesen zurück – im Gegenteil, er verbreitete seine Überzeugung von der Klimabestimmtheit menschlichen Verhaltens in erfolgreichen Publikationen weiter. Die von uns reproduzierten Abbildungen 8 und 9 über die weltweite Verteilung der „klimatischen

Energie" und den Rang menschlicher Zivilisationen finden sich auch in seinem letzten, 1945 kurz vor seinem Tod veröffentlichten Werk in unveränderter Form.

Auch der bekannte amerikanische Ökonom William Nordhaus, dessen Formulierung des Treibhausproblems als ökonomisches Steuerungsproblem (siehe Abschnitt 4.6) die weltweite politische Diskussion beeinflußte, setzte sich 1994 mit Huntington und seinen Hypothesen auseinander und machte klar, daß zumindest die wirtschaftliche Dimension von Huntingtons Analyse nicht haltbar ist.

Der Gedanke, daß Klima gesellschaftliche Vorgänge beeinflußt, wird auch im marxistisch beeinflußten Geschichtsverständnis unterstellt. Dabei herrscht die Vorstellung, daß das Klima und andere natürliche Umweltfaktoren Rahmenbedingungen vorgeben, innerhalb derer sich dann die Dynamik des Klassenkampfes entfaltet. So bemerkte der Leiter des Instituts für Meteorologie der Ostberliner Humboldt-Universität K. Bernhardt 1981 in seinem Vortrag *Klimatologie, eine Grundlage für die meteorologische Betreuung der entwickelten sozialistischen Gesellschaft*: *„Für die kapitalistische Gesellschaftsordnung bemerkte Marx ..., daß keineswegs der fruchtbarste Boden der geeignetste zum Wachstum der kapitalistischen Produktionsweise gewesen sei, denn diese ‚unterstellt Herrschaft des Menschen über die Natur', so daß nicht das tropische Klima, sondern die gemäßigte Zone das Mutterland des Kapitals sei: ‚Die Notwendigkeit, eine Naturkraft gesellschaftlich zu kontrollieren, damit hauszuhalten, sie durch Werke von Menschenhand auf großem Maßstabe erst anzueignen oder zu zähmen, spielt die entscheidendste Rolle in der Geschichte der Industrie.' Der Einfluß des Klimas auf die gesellschaftliche Entwicklung – von der Anthroposoziogenese über die Entwicklung der Urgesellschaft und der nachfolgenden Klassengesellschaften bis hin zur Rolle des Klimas und seiner Veränderung als Bestandteil des geographischen Milieus bei der Gestaltung der entwickelten sozialistischen Gesellschaft – bedarf offensichtlich noch gründlicher Untersuchungen und Diskussionen, die sich nicht auf die notwendige*

Auseinandersetzung mit dem geographischen Determinismus und solchen unwissenschaftlichen, chauvinistischen und reaktionären Behauptungen beschränken darf, wie etwa denen, daß der Ausgang von Kriegen durch das günstige Klima ... entschieden worden sei, oder daß die Bewohner zyklonaler Gebiete die Welt regieren (Huntington)."

Abgesehen von methodisch inspirierten Kritiken bergen die Thesen Huntingtons und anderer Wissenschaftler, die einen radikalen klimatologischen Determinismus vertreten, Gefahren, die nicht so sehr eine Frage der Objektivität und der Wissenschaftlichkeit dieser Betrachtungsweisen sind. Die eigentlichen Gefahren eines klimatischen Determinismus kann man anders fassen: Der Klimadeterminismus hat zur Folge, daß der selbstbestimmte menschliche Handlungsspielraum oder die Geschichte als Ergebnis menschlicher Aktionen ausgeblendet wird. Eigenständiges menschliches Handeln und seine Möglichkeiten werden durch einen geophysikalischen Determinismus ersetzt und damit auf Faktoren reduziert, über die der Mensch und die Gesellschaft letztlich keinen Einfluß haben. Der Mensch wird zum Spielball des Klimasystems. Er muß sich den Naturgesetzen unterwerfen. Solch eine Haltung fördert zugleich ein weitgehend uneingeschränktes, vielleicht auch unbeabsichtigtes Einverständnis mit der bestehenden gesellschaftlichen und politischen Ordnung, denn sie kann ja dieser Vorstellung nach nicht anders sein – zumal sich ein politisches Regime darauf berufen kann, im Einklang mit den durch die Natur geforderten Verhaltensweisen zu handeln und dies auch von seinen Bürgern erzwingen zu müssen, damit die „Lebensräume" oder das Klima als Ressource und Existenzvoraussetzung nicht bedroht oder sogar zerstört werden. Man sollte, so wird dann argumentiert, nicht den Gesetzen des Klimas zuwiderhandeln, denn es bestünde die Gefahr, daß sich das Klima im wahrsten Sinn des Wortes rächt.

Die Theorien des Klimadeterminismus favorisierten nicht nur eine eurozentrische Rekonstruktion der menschlichen Geschichte, sondern stellten auch den zukünftigen Ablauf der Weltgeschichte fast notwendigerweise in diesen Rahmen. Da

Eugeniker und Rassisten auf angeborene Eigenschaften setzten, wurde der Klimadeterminismus, und sei es nur unter der Hand, zur ideologischen Verklärung eines rassistischen Ethnozentrismus: Das Anderssein, die Kontraste zwischen den Völkern wurden und werden naiverweise dem Klima zugeschrieben. Ethnische Identität war und ist in vielen Köpfen untrennbar mit Klima verbunden. Die Beliebigkeit der angeblich schicksalhaften Verstrickung wird schon dadurch deutlich, daß sich herrschende Gruppen immer in für sie günstigen klimatischen Regionen wähnten, während die „Barbaren" und unzivilisierten Völker natürlich in klimatisch benachteiligten Landstrichen hausen mußten.

Die Lehre vom Klimadeterminimus kam Mitte des 20. Jahrhunderts zu einem abrupten Ende. In der Nachkriegszeit spielte unter Sozialwissenschaftlern die Frage des Einflusses des Klimas auf Mensch und Gesellschaft fast keine Rolle mehr. Die intellektuelle und politische Nähe des Klimadeterminismus zur Rassentheorie, aber auch zum Nationalsozialismus, ließen ihn in der Wissenschaft in der Nachkriegszeit verstummen. Die Gedanken des klimatischen Determinismus werden heute im wissenschaftlichen Diskurs, sowohl in den Naturwissenschaften als auch in den Sozialwissenschaften, weitgehend ignoriert. Statt dessen wird dem Klima die Bedeutung einer Randbedingung zugewiesen. So formuliert etwa 1981 der Geograph Wilhelm Lauer: *„Das Klima ist für die Gestaltung des Schauplatzes, auf dem sich das menschliche Dasein – die Menschheitsgeschichte – abspielt, tatsächlich von Bedeutung, denn es steckt im weitesten Sinne den Rahmen ab, beschränkt Möglichkeiten, setzt Grenzen für das, was auf der Erde geschehen kann, allerdings nicht, was geschieht oder geschehen wird. Das Klima stellt allenfalls Probleme, die der Mensch zu lösen hat. Ob er sie löst, und wie er sie löst, ist seiner Phantasie, seinem Willen, seiner gestaltenden Aktivität überlassen. Oder in einer Metapher ausgedrückt: Das Klima verfaßt nicht den Text für das Entwicklungsdrama der Menschheit, es schreibt nicht das Drehbuch des Films, das tut der Mensch allein."*

In der Öffentlichkeit aber scheint der klimatische Determinismus durchaus noch virulent. Noch in der unmittelbaren Nachkriegszeit beschrieb etwa der Heidelberger Sozialpsychologe Willy Hellpach die Bewohner nördlicher bzw. südlicher Regionen wie folgt: „*Je im Nordteil eines Erdraums überwiegen die Wesenszüge der Nüchternheit, Herbheit, Kühle, Gelassenheit, der Anstrengungswilligkeit, Geduld, Zähigkeit, Strenge, des konsequenten Verstandes- und Willenseinsatzes – je im Südteil die Wesenszüge der Lebhaftigkeit, Erregbarkeit, Triebhaftigkeit, der Gefühls- und Phantasiesphäre, des behäbigeren Gehenlassens oder augenblicklichen Aufflammens. Innerhalb einer Nation sind ihre nördlichen Bevölkerungen praktischer, verläßlicher, aber unzugänglicher, ihre südlicheren musischer, zugänglicher (gemütlicher, liebenswürdiger, gesprächiger), aber unbeständiger.*" Für den Soziologen und Ökonomen Werner Sombart stand bis in seine späte Schaffensphase fest: „*Boden und Klima im Verein entscheiden nicht nur über die natürliche Fruchtbarkeit eines Landes, sie bestimmen in weitem Umfange die Natur des Volkes, das sie entweder zur Indolenz oder zur Tätigkeit verleiten*".

Ein ausgefallenes aktuelles Beispiel von Klimadeterminismus hat das britische meteorologische Fachblatt *Weather* 1993 veröffentlicht. Dort schreibt ein Herr Beck mit großer Überzeugung: „*Mehrere Autoren haben sich über den offensichtlichen Zusammenhang zwischen dem Charakter eines Volkes einer Region und dem Klima der Region Gedanken gemacht ... Intolerante Akte wurden häufiger von Völkern in solchen Gegenden der mittleren Breiten begangen, in denen die saisonalen Temperaturgegensätze groß sind, wie etwa in Gebieten mit kontinentalem Klima. In den 1930ern gab es faschistische Machtübernahmen in Spanien, Deutschland und Österreich – dies sind alles kontinentale Länder mit einem Temperaturgegensatz von meist mehr als 20 °C (mit Ausnahme von Süditalien, mit einem Temperaturgegensatz von nur 15 °C, aber es heißt, daß die Unterstützung für den Faschismus in diesem Gebiet zunächst schwächer war) ... Viele der amerikanischen Staaten, in denen an der Todesstrafe festge-*

halten wird, haben einen Temperaturgegensatz von mehr als 20 °C, im Vergleich zu den meisten ‚westlichen' Nationen ist dies ein erheblicher Temperaturgegensatz ... Es wird wohl nie möglich sein, mit absoluter Sicherheit zu beweisen, daß ein mildes Klima in mittleren Breiten dazu beiträgt, eine tolerante Gesellschaft hervorzubringen oder daß extreme Klimate Völker zur Intoleranz verdammen. Allerdings wird die These durch die Geschichte eindeutig gestützt, und diese Einsicht könnte dazu genutzt werden, potentielle Problemgebiete zu identifizieren, um rechtzeitig aufkommenden Bedrohungen des Friedens begegnen zu können ..." Der kausal verantwortliche Mechanismus soll die Abwesenheit von extremen jahreszeitlichen Klimaunterschieden sein; diese Tatsache erlaube den Menschen, so unterstreicht Beck, „*eine entspanntere Haltung, während es gleichzeitig keine Notwendigkeit sorgfältiger existentieller Vorbereitungen für einen kalten Winter bzw. einen heißen Sommer gibt. Dort, wo der saisonale Temperaturgegensatz groß ist, wird der Lebensablauf durch die Jahreszeiten bestimmt mit dem Zwang der Vorbereitung auf das Eintreten der Extreme; und damit entwickeln sich in diesen Regionen weit weniger entspannte geistige Haltungen.*" Wie man unschwer erkennen kann, unterscheiden sich diese Aussagen von den 100 Jahre früher gemachten Behauptungen von Professor Umlauff nur geringfügig.

Es wäre sicher eine reizvolle Aufgabe für die Sozialwissenschaften, empirisch zu ergründen, in welchem Maße Vorstellungen des klimatischen Determinismus heutzutage in Alltagsvorstellungen eingebunden sind und inwieweit diese mit anderen Determinismen, insbesondere dem genetischen Determinismus (und Rassismus), verbunden sind.

In jüngster Zeit versucht man sich hier und dort wieder den klassischen Fragestellungen nach der Bedeutung des Klimas für den Menschen (etwa in der Klimafolgenforschung) anzunähern, allerdings ohne sich bewußt zu sein, daß es eine lange Tradition gibt, die Folgen von Klima für Mensch und Gesellschaft zu analysieren.

4. Klima als Risiko und Bedrohung

Wenngleich das Klima für das Individuum als im wesentlichen konstant erscheint, unterbrochen von seltenen Extremereignissen und einigen vielleicht feuchteren oder wärmeren Jahren, so ergibt die Analyse von längeren Beobachtungsreihen, daß doch signifikante Variationen eintreten. Diese Variabilität ist in Abbildung 10 demonstriert, die charakteristische „Kälteziffern“ für Deutschland als Ganzes sowie für den nördlichen und südlichen Teil für die Winter 1960/61 bis 1995/96 zeigt. Interessant ist zunächst, daß Norddeutschland nicht systematisch kältere Winter erlebt als Süddeutschland. Bemerkenswerter ist die Tatsache, daß kalte und warme Winter in Gruppen auftreten und nicht in zufälliger Folge. Die Winter von 1978 bis 1986 waren im wesentlichen kälter, während alle Winter von 1987 bis 1994 wärmer als normal waren.

Ein Beispiel für eine klimatische Änderung auf Zeitskalen von 30 Jahren repräsentiert eine Meldung aus der *Tampa Tribune* vom 12. März 1994, wonach man in Zukunft mit deutlich mehr Hurrikanen in Florida zu rechnen habe. Dabei wird einfach so argumentiert, daß es in den letzten 22 Jahren – von 1966 bis 1987 – nur 35 Hurrikane in Florida gab, aber in den vorangehenden 23 Jahren von 1943 bis 1965 immerhin 116 Hurrikane.

Daß Klima auf Zeitskalen von Hunderten von Jahren variiert, demonstriert z.B. der Name „Grönland“, den Wikinger in der mittelalterlichen Warmzeit wählten. Im 11. bis 13. Jahrhundert war Grönland eben „grün“ aufgrund des milden Klimas. Heute käme wohl kaum jemand auf die Idee, einen solchen Namen zu wählen.

In diesem Kapitel wollen wir uns mit dem Klima als variierender Rahmenbedingung der menschlichen Existenz beschäftigen. Anders als im vorangehenden Kapitel 3 beschäftigen wir uns mit der Eigenschaft des Klimas, variabel zu sein, so daß die Gesellschaft sich einer unsicheren Ressource gegenübersieht und man deshalb mit Recht von einem gewissen

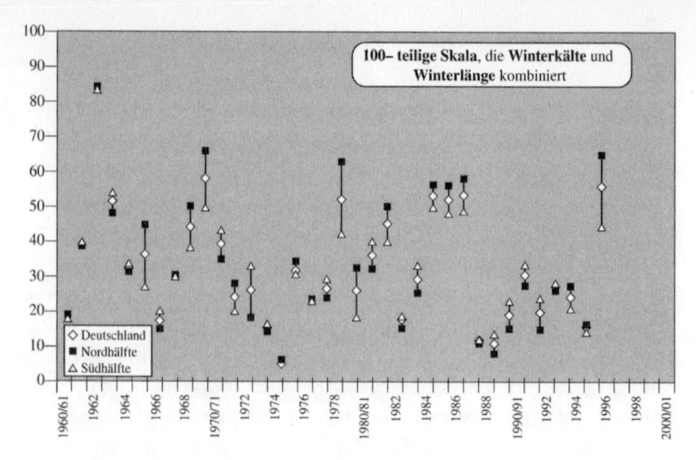

Abb. 10: Kältezahlen für Deutschland als Ganzes sowie für Nord- und Süddeutschland getrennt für die Winter 1960/61 bis 1995/96 (aus: „Der Wetterlotse" 591, März 1996; herausgegeben vom Deutschen Wetterdienst).

Risiko und Bedrohung sprechen kann. Gegenwärtig konzentriert sich die Sorge der Gesellschaft auf einen möglichen anthropogenen Klimawandel aufgrund der Emission von Treibhausgasen in die Erdatmosphäre. Wir werden in den folgenden Abschnitten sowohl die naturwissenschaftliche Konstruktion des Klimawandels als auch die gesellschaftliche Konstruktion des Klimawandels diskutieren: Welche der beiden Konstruktionen für die Ausprägung der Klimapolitik ausschlaggebend ist, bleibt unklar.

In Abschnitt 4.1 (Ideengeschichte der Klimaänderungen) rekapitulieren wir die historische wissenschaftliche Diskussion zum Thema „Klimaänderungen", die in mancher Hinsicht der heutigen Diskussion zum anthropogenen Klimawandel ähnelt. Dann wenden wir uns dem naturwissenschaftlichen Konzept von Klimaänderungen in den Abschnitten 4.2 und 4.3 zu. In Abschnitt 4.4 stellen wir Alltagsvorstellungen zum Klimawandel vor und spiegeln diese an historischen Fällen in Abschnitt 4.5. Abschließend diskutieren wir in Abschnitt 4.6 die

Wirkung der beiden Konstruktionen vom Klimawandel auf die Gesellschaft und die Politik.

4.1 Ideengeschichte der Klimaänderungen

Die Frage nach Klimaveränderungen und ihren Ursachen in erdgeschichtlicher oder historischer Zeit war immer wieder von Interesse für die Klimaforschung. Allerdings gehörte es keineswegs stets zu den vorrangigen Forschungsfragen. Zu Beginn der Verwissenschaftlichung der Klimaforschung, also gegen Mitte des 19. Jahrhunderts, waren Themen der Klimaveränderung zunächst weitgehend vernachlässigt. Erst am Ende des 19. Jahrhunderts wurde die Fragestellung der Klimavariabilität in historischer Zeit – vor allem aufgrund der Beobachtungen und Analysen von Eduard Brückner – zu einer wichtigen Forschungsaufgabe. Allerdings rückte sie bald wieder in den Hintergrund. Erst in unseren Tagen ist die Problematik möglicher Klimaveränderungen und ihrer Ursachen wieder zu einem der zentralen Objekte der Klimaforschung geworden.

Wir sind heute mit der Tatsache konfrontiert, daß die intensive und kontroverse Diskussion über eine von Menschen verursachte globale Klimaveränderung nicht nur unter Wissenschaftlern, sondern auch in der Öffentlichkeit stattfindet. In diesem Zusammenhang ist der Begriff „Treibhauseffekt" heute Allgemeingut. Unter Wissenschaftlern zeigt man sich sehr beunruhigt, appelliert zum Teil direkt an die Öffentlichkeit und warnt vor einer bevorstehenden Klimakatastrophe. Man gewinnt den Eindruck, als handele es sich hier um eine völlig neue Auseinandersetzung. Tatsächlich ist dies nicht der Fall!

Eine ähnliche Diskussion unter Wissenschaftlern fand vor hundert Jahren statt, als einer Anzahl von Klimatologen klar wurde, daß sich unser Klima nicht nur in geologischer Zeit, sondern auch in Zeiträumen von Jahrhunderten und Jahrzehnten verändert. Diese Beobachtung wurde durch Daten über den Wasserstand von abflußlosen Seen, wie zum Beispiel dem Kaspischen Meer, gestützt. Man fragte sich, ob der veränderte Seespiegel eine Folge menschlicher Aktivitäten sei oder durch eine natürliche Klimaschwankung hervorgerufen werde. Als Ursache anthropogener Klimaveränderungen vermutete man die großflächige Abholzung sowie die Kultivierung großer Landstriche. Teilweise war man überzeugt, daß sich in diesen Veränderungen durchaus positive Entwicklungen widerspiegelten (etwa im Sinn „der Regen folgt dem Pflug"), häufiger aber verwies man auf negative Folgen der Klimaveränderungen.

Besonders auffällig ist, daß sich diese Diskussionen nicht nur auf die Wissenschaft beschränkten. Einige Wissenschaftler der damaligen Zeit appellierten, wie auch heute, direkt an die Öffentlichkeit und verlangten Maßnahmen, die man heute als Klimapolitik oder Klimaschutz bezeichnen würde. Weitere Klimaveränderungen mit negativen wirtschaftlichen, sozialen und politischen Folgen sollten verhindert werden. Andere Wissenschaftler waren dagegen überzeugt, es handele sich um natürliche Schwankungen des Klimas, die möglicherweise mit irgendwelchen kosmischen Prozessen in Verbindung stünden und an die sich die Gesellschaft „anpassen" müßte. In einigen europäischen Staaten wurden Parlaments- und Regierungskommissionen gebildet, um dem Problem zu begegnen.

In dem folgenden Abschnitt wollen wir uns mit zwei der herausragenden Repräsentanten der ein Jahrhundert zurückliegenden Klimadiskussion befassen.

Eduard Brückner (1863–1927) und der schon vorher erwähnte Julius von Hann waren langjährige Lehrstuhlinhaber für Geographie bzw. Meteorologie an der Universität Wien. Sie vertraten entgegengesetzte Positionen in der Frage nach der Bedeutung von historischen Klimaschwankungen.

1890 veröffentlichte Brückner sein Hauptwerk „*Klimaschwankungen seit 1700*". Aus den Schwankungen des Wasserspiegels des größten abflußlosen Sees der Welt, dem Kaspischen Meer, schloß er, daß die beobachteten Veränderungen eine klimatische, 35jährige quasi-periodische Ursache haben müssen. Maxima des Wasserspiegels sind danach Ergebnis kühler und feuchter Witterung, während die Minima durch eine trockene und warme Witterung verursacht werden. In einem weiteren Schritt analysierte Brückner den Zusammenhang von Regenfall und den damit in Verbindung stehenden Wasserständen auf der globalen Skala. Er fand, daß die säkularen Schwankungen in allen Regionen der Welt stattfinden. Brückner betonte, daß die Ursache der von ihm konstatierten Quasiperiodizität unklar sei.

Brückner interessierte sich sehr für die ökonomischen, gesellschaftlichen und politischen Folgen der Klimaschwankungen. Er befaßte sich mit Fragen des Einflusses der Klimaveränderungen auf Wanderungsbewegungen, Ernteerträge und Handelsbilanzen sowie auf die Gesundheit und die Veränderungen im internationalen politischen Machtgefüge. Er ging davon aus, daß Schwankungen in den Niederschlagsmengen eine unmittelbare Auswirkung auf die Produktivität der Landwirtschaft haben. In West- und Mitteleuropa wurden damals überdurchschnittliche landwirtschaftliche Erträge in warmen und trockenen Witterungsabschnitten erzielt. Ein vergleichbarer Rückgang in der Produktivität fand umgekehrt in feuchten und kühlen Witterungsperioden statt. Für das kontinentale Rußland und die zentralen USA fand er eine gegenläufige Wirkung – so daß die Klimaschwankungen die Migrationsströme von Europa in die USA verstärken bzw. vermindern sollten, da ja verschlechterte landwirtschaftliche Bedingungen im maritimen Klima Europas mit verbesserten Bedingungen im kontinentalen nordamerikanischen Klima einhergingen und umgekehrt. Diese Sichtweise fand Brückner durch die Auswanderungszahlen und Niederschlagsstatistiken bestätigt. (Abbildung 11).

Brückner publizierte seine Forschungsergebnisse in mündlicher und schriftlicher Form. Er wandte sich in Vorträgen und Zeitungsaufsätzen sowohl an die Öffentlichkeit als auch an Berufsgruppen, die von den Klimaschwankungen besonders betroffen waren, wie zum Beispiel die Bauernschaft. Seine Überlegungen wurden in der zeitgenössischen Presse diskutiert.

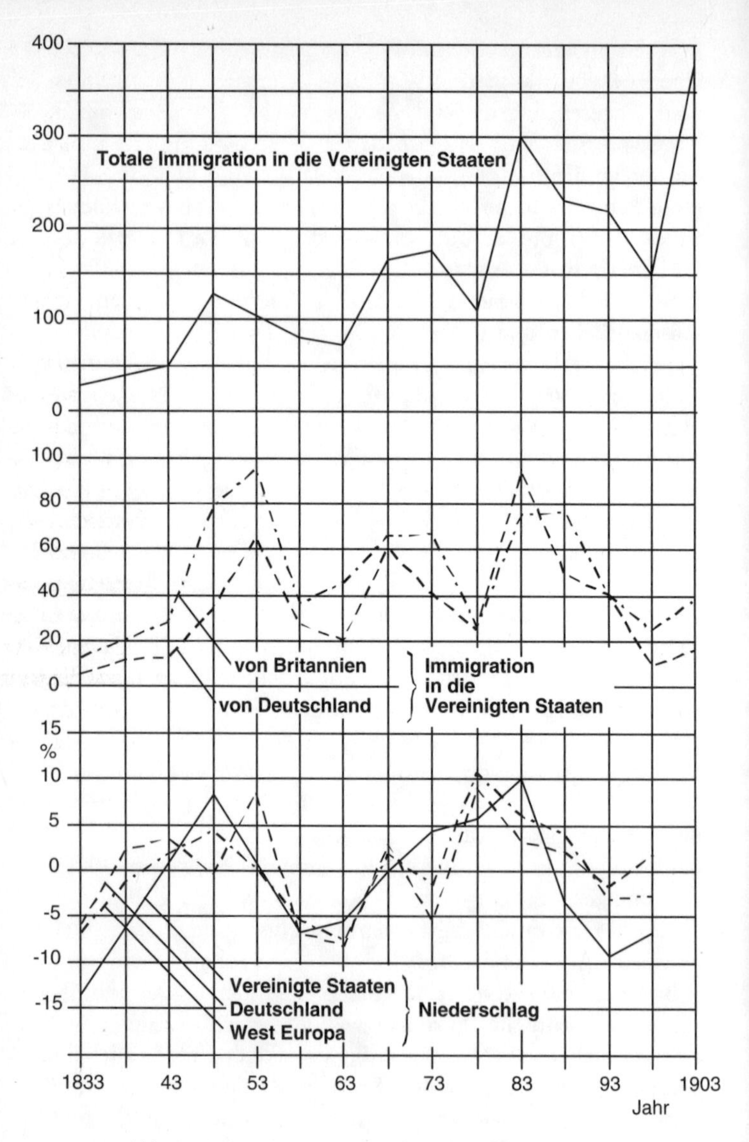

Abb: 11: Migrationsströme und Niederschlagsstatistiken nach Eduard Brückner.

Einen anderen Zugang zur Klimatologie hatte Julius von Hann, der als der bedeutendste Meteorologe seiner Generation galt und Autor des ersten Lehrbuches zum Thema Klimatologie (1883) war. Ihm war vor allem an der Darstellung des Ist-Zustandes auf der Basis zuverlässiger Beobachtungen gelegen. Damit sollte eine Basis sowohl für das Verständnis verschiedener meteorologischer Phänomene erstellt, aber auch der Bedarf an klimatologischer Beratung sichergestellt werden. Von Hann vermied jede Diskussion über den Einfluß des Klimas auf die Gesellschaft.

In seinem Lehrbuch behandelte er das Konzept der Klimaschwankung nur am Rande. In der damaligen Klimadiskussion ging es hauptsächlich um die Periodizität. In diesem Sinne unterscheidet von Hann zwischen „progressiven" (d.h. bleibenden Veränderungen oder, wie wir heute sagen würden, „Klimawandel") und „zyklischen" Veränderungen (d.h. Fluktuationen und Oszillationen um ein konstantes Mittel) mit bestimmten zeitlichen Perioden. Aus dem ihm zur Verfügung stehenden Datenmaterial leitete von Hann ab, daß es in historischen Zeiträumen für „progressive" Veränderungen in verschiedenen Kontinenten und Ländern keinen triftigen Beweis gebe. Ebensowenig sah er in seinen Beobachtungsdaten eine Reaktion des Klimasystems auf die periodische Schwankung der Anzahl der Sonnenflecken. Er schloß daher eine Wirkung der Sonnenfleckenvariationen auf das Erdklima aus. Der von Brückner aus einer Vielzahl von empirischen Beobachtungen abgeleiteten 35-Jahres-Periodizität der Klimaschwankungen, mit gegenläufigen Tendenzen in kontinentalen und maritimen Klimaten, stand von Hann aufgeschlossener gegenüber als den Spekulationen über die Wirkung von Sonnenflecken. Auch konnten bisher widersprüchliche Befunde von Klimaveränderungen in verschiedenen geographischen Gebieten und Zeiten dadurch erklärt werden, daß diese verschiedene Abschnitte der 35jährigen Periode wiedergäben.

In mancher Hinsicht war die Situation Ende des vergangenen Jahrhunderts mit der heutigen vergleichbar: Den Naturwissenschaftlern wurde zunehmend deutlich, daß das Klima nicht konstant ist, sondern sich in Zeiträumen von Jahrhunderten und Jahrzehnten signifikant verändert. Gleichzeitig wurde man sich darüber klar, daß sich das Klima sowohl systematisch als Reaktion auf menschliches Verhalten (in von Hanns Terminologie „progressiv") als auch zeitlich begrenzt (in von Hanns Worten „zyklisch") aufgrund natürlicher Prozesse verändern kann. Die Ursachen für die natürliche Klimavariabilität waren unbekannt. Spekulative Hypothesen machten etwa eine unterschiedliche Sonneneinstrahlung oder andere „kosmische" Prozesse verantwortlich. In einer der gegenwärtigen Situation durchaus vergleichbaren Reaktion machte eine Anzahl von Wissenschaftlern den Fehler, relativ langsame natürliche Klimaveränderungen als Indikatoren für systematische Schwankungen zu deuten. Beispielsweise interpretierten einige Wissenschaftler die von Brückner beschriebenen Schwankungen als Folgen von Entwaldungen und anderen Modifikationen der Landoberfläche.

Angesichts der Tatsache, daß die Klimaverhältnisse einen erheblichen Einfluß auf bestimmte Wirtschaftszweige und gesellschaftliche Institutionen haben, sahen sich die Wissenschaftler damals wie heute vor die Frage gestellt, ob sie die Öffentlichkeit nur informieren oder vielmehr vor den anstehenden Klimaschwankungen warnen sollten. Einige Wissenschaftler, wie zum Beispiel von Hann, entschieden sich dafür, es beim strikten Messen und Analysieren von Beobachtungsdaten zu belassen und ausschließlich mit anderen Wissenschaftlern zu kommunizieren. Andere dagegen, wie zum Beispiel Brückner, fühlten sich ethisch verpflichtet, sich direkt an die Öffentlichkeit zu wenden. Im Gegensatz zu besonders umweltbewußten, „aktivistisch" orientierten Wissenschaftlern der Gegenwart verlangte Brückner allerdings keine bestimmten politischen Maßnahmen zum Klimaschutz. Andere Wissenschaftler zögerten jedoch nicht. So forderte der Amerikaner F. B. Hough Ende des 19. Jahrhunderts im Namen der „American Association for the Advancement of Science" (AAAS) umfassende Aufforstungsmaßnahmen in Nordamerika, um ein weiteres Austrocknen des Kontinents zu vermeiden. Die

Verfechter der These von anthropogenen Klimaveränderungen im vergangenen Jahrhundert hatten in der Tat einen gewissen Einfluß auf die öffentliche Verwaltung und die Politik. In einer Reihe von Staaten wurden von Regierungen und Parlamenten Untersuchungskommissionen gegründet, um sich mit der Problematik des Klimawandels auseinanderzusetzen.

Die intensive wissenschaftliche und öffentliche Diskussion der Klimaschwankungen Ende des 19. und Anfang des 20. Jahrhunderts verschwand schnell wieder von der Tagesordnung. In der Klimaforschung wurde sie durch einen neuen Konsens abgelöst, der bis in die Gegenwart herrscht und der davon ausgeht, daß säkulare Klimaschwankungen nur episodischen Charakter hätten und wegen der inhärenten klimatischen Gleichgewichtsprozesse klein und in der Wirkung belanglos wären.

Aus dem hier dargestellten Abschnitt der Wissenschaftsgeschichte wird deutlich, daß das wachsende populärwissenschaftliche Genre der Klimaforschung bzw. die öffentliche Auseinandersetzung mit dem Klimaproblem nicht neu sind. Heute wie vor 100 Jahren hatten die in diesen Diskussionen engagierten Wissenschaftler deutlich verschiedene Selbstverständnisse. Auch macht man nicht erst heute auf die mit den Daten verbundenen Unsicherheiten und Ungewißheiten in der Prognose von Klimaschwankungen aufmerksam; von Hann tat dies bereits vor hundert Jahren. Heute meinen viele Beobachter, daß die globale Perspektive einen neuartigen Ansatz darstelle. Dies ist unzutreffend. Wie unser Fall demonstriert, prognostizierten Wissenschaftler schon Ende des 19. Jahrhunderts globale Umweltveränderungen. Für Brückner stand fest, daß unser Klima ein globales System ist und global wirksamen Schwankungen ausgesetzt ist.

Die moderne Klimaforschung wird von naturwissenschaftlichen Disziplinen beherrscht, während die Sozial- und Geisteswissenschaften Schwierigkeiten haben, sich mit der Umweltproblematik und ihren gesellschaftlichen Folgen zu befassen. Die unrühmliche Geschichte sozialwissenschaftlicher Ansätze zur gesellschaftlichen Klimafolgenproblematik (vgl.

Abschnitt 3.4) muß überwunden werden, wobei eine interdisziplinäre Zusammenarbeit zu neuen Perspektiven und Forschungsprogrammen führen sollte.

Zum gegenwärtigen Zeitpunkt können wir nur spekulieren, weshalb die einst heftige und teilweise mit Leidenschaft geführte Diskussion über Klimaschwankungen und ihre sozialen Folgen fast völlig verstummte und in Vergessenheit geriet. Sicher gab es andere wichtige Probleme: den Ersten Weltkrieg, gravierende Wirtschaftskrisen und das Entstehen totalitärer Regime, die zweifellos das Interesse an Fragen der Auswirkungen der Natur auf die Gesellschaft und der Gesellschaft auf die Natur verdrängten. Andererseits gab es technische Entwicklungen, die in der Klimawissenschaft zu einer Art Paradigmenwechsel führten.

4.2 Natürliche Klimavariabilität

Unser Klima schwankt auf einem breiten Band von Zeitskalen aufgrund natürlicher Vorgänge. Solche natürlichen Vorgänge können interne Prozesse im Klimasystem sein oder durch episodische Veränderungen etwa in der Sonnenstrahlung oder der stratosphärischen Aerosollast aufgrund von Vulkanausbrüchen verursacht sein. Wenn wir von „Schwankungen" sprechen, meinen wir Veränderungen des Klimas um einen „Normalzustand" herum. Es gibt Episoden höherer Temperaturen und kalte Episoden; es gibt sturmreichere Zeiten und ruhige Zeiten. Es handelt sich also um Abweichungen, die verschieden lange andauern, die aber immer wieder abgewechselt werden durch Schwankungen in die entgegengesetzte Richtung. Nach einer kühlen Phase folgt eine warme Phase, nach einer trockenen eine feuchte usw. Der „Normalzustand" ist dabei mehr eine imaginäre Größe, da es erdgeschichtlich kein „normal" gibt – die erwähnten positiven und negativen Abweichungen gleichen sich im Langzeitmittel nicht aus. Es ist das mathematische Konstrukt des langjährigen Mittelwertes. Wie erwähnt, ist der Mittelwert von der „World Meteorological Organisation" auf 30 Jahre festgelegt worden. Dabei handelt es sich um keine Naturkonstante, sondern um eine gesellschaftlich konstruierte Konvention, die ungefähr dem Zeithorizont menschlicher Erfahrung entspricht.

Die Abfolge der Abweichungen darf man sich nicht periodisch vorstellen, also etwa in der Art des Jahresgangs der Temperatur oder der Gezeiten. Periodische Vorgänge kann man *ad infinitum* vorhersagen: Nordsommer werden auch im 4. Jahrtausend wärmer sein als der folgende Nordwinter. Klimaschwankungen kann man nicht in dieser Art vorhersagen. Heute haben die Vorhersagen für die Abweichung der mittleren Temperatur der kommenden Jahreszeit eine geringe Trefferquote, obwohl sie nur auf einfache Aussagen wie „wärmer als normal" bzw. „kälter als normal" abheben. Die Folge der Abweichungen ist unregelmäßig; nach zehn warmen Jahren kann es ebenso gut drei kalte als auch drei warme Jahre geben; nach vielen Jahren fehlender Niederschläge – wie im Falle des Sahel in den 70er und 80er Jahren – kann es Sequenzen von abwechselnd feuchten und trockenen Jahren geben.

Die Bezeichnungen „zyklische" und „progressive" Klimaänderungen passen hier nicht. „Progressive" Änderungen sind irreversible Änderungen, die durch systematische Veränderungen im Strahlungshaushalt oder in der Oberflächenbeschaffenheit der Erde hervorgerufen werden können. Hierzu gehören insbesondere anthropogene Änderungen, die wir im folgenden Abschnitt erörtern werden. Auf sehr langen Zeitskalen von Millionen von Jahren gehören dazu auch die Veränderung der Lage der Kontinente oder die Ausbildung von Gebirgen. Das Wort „zyklisch" impliziert nicht nur den temporären Charakter der Änderungen, sondern auch eine Periodizität. „Nichtprogressive" Zeitreihen lassen sich formal aus einer endlichen Zahl von „Wellen" mit charakteristischen Perioden zusammensetzen. Um eine Vorhersage machen zu können, braucht man daher nur diese Periodizitäten und den Zustand der vergangenen Tage bzw. Jahre zu bestimmen, je nach der Art des Vorhersageproblems.

Im renommierten *Manual of Meteorology* aus dem Jahre 1936 hat Sir N. Shaw mehrere Seiten mit angeblich signifikanten Periodizitäten im Klimasystem aufgeführt, von wenigen Tagen bis zu Monaten. Diese Liste faßte die Ergebnisse vieler Forschungsarbeiten der letzten Jahrzehnte zusammen. Vergleichbare Methoden wurden nicht nur in der Meteorologie verwendet, sondern in vielen anderen Bereichen, von ökonomischen Zyklen bis zu Erdbebenvorhersagen. Der Enthusiasmus, mit dem dieser Ansatz der „harmonischen Analyse" angenommen wurde, spiegelt sich auch in der Gründung einer „Society of Cycles" wider, zu deren Gründungsmitgliedern der schon mehrfach erwähnte Huntington gehörte. Auch gegenwärtig gibt es immer wieder Versuche, „signifikante Periodizitäten" aus Daten herauszufiltern und damit Vorhersagen zu wagen.

Die Tatsache, daß praktisch jede nur denkbare Periode in Datensätzen gefunden werden konnte, hätte allerdings schon frühzeitig mißtrauisch machen sollen. Auch das regelmäßige Scheitern der Vorhersagen hätte Warnung sein können. Aber erst 1937 räumte der russische Ökonom E. Slutsky mit seiner Veröffentlichung *Das Summieren zufälliger Ereignisse als Quelle von zyklischen Phänomenen* mit dem Spuk auf. (Tatsächlich hatte er diese Resultate schon 1927 auf Russisch publiziert). Analysiert man eine zufällige Zeitserie, so findet man Periodizitäten, obwohl qua Konstruktion keine Regelmäßigkeit im Zeitablauf existiert.

Heute versteht man klimatische Zeitserien als Mischung und Summe aus extern verursachten, „deterministischen" Komponenten (wie etwa Vulkanausbrüchen) und intern erzeugten, nichtperiodischen Variationen. Die Variation der Erdbahnparameter (also etwa die Form der Bahn der Erde um die Sonne und die Neigung der Erde auf dieser Bahn) in einem Zeitraum von Zehntausenden von Jahren scheint eine periodische Wirkung auf das Erdklima zu haben (Milankovicz-Theorie), die allerdings nicht ausreichend ist, um den Wechsel zwischen Eis- und Warmzeiten zu erklären. Ob die Sonnenfleckenzyklen einen periodischen Einfluß auf das Erdklima haben, war nach vielen vergeblichen Erklärungsversuchen kategorisch verneint worden und wird erst seit einigen Jahren nach den aufsehenerregenden Resultaten der Berliner Klimatologin Karin Labitzke wieder diskutiert.

Die kürzesten Zeiträume der Klimavariabilität umfassen nur wenige Tage. Solche „Wetterschwankungen“ zeigen sich in Form von vorbeiziehenden Stürmen oder andauernden Hochdrucklagen („Blockierungen“). Diese Störungen sind für Meteorologen Instabilitäten und Nichtlinearitäten im großturbulenten Strömungsfeld der extratropischen atmosphärischen Zirkulation. Ihre Häufigkeit und Intensität sind sehr variabel und können in guter Näherung als zufällig verteilt aufgefaßt werden. Solche Störungen sind auch für das Eintreten von extremen Sturmereignissen verantwortlich. Wegen des statistischen Charakters der Häufigkeit und Stärke von Stürmen muß jederzeit mit dem Eintreten eines Extremereignisses gerechnet werden, also auch mit einem sogenannten „100-Jahres-Sturm“ oder einem „1 000-Jahres-Sturm“. Die Wahrscheinlichkeit für ein solches Ereignis ist minimal, aber nicht gleich Null.

Bisher erzielte die Klimaforschung wenig Resultate, was die Ursachen für Schwankungen von Jahr zu Jahr betrifft. Eine Ausnahme stellt das tropische „El Niño“-Phänomen dar. Es handelt sich dabei um ein irreguläres Ereignis, das mit der Ausdehnung bzw. dem Rückgang warmen Wassers im äquatorialen Pazifik einhergeht. Die Folgen sind gravierende Niederschlagsanomalien in verschiedenen, überwiegend tropischen Gebieten. So gibt es deutlich höhere Niederschläge an der südamerikanischen Westküste und dramatisch reduzierte Niederschläge in Australien. Abgesehen von den jahreszeitlichen Veränderungen des Klimas, gibt es neben „El Niño“ kein anderes natürliches Phänomen, das das Klima, auf jährliche Zeitabschnitte gerechnet, so nachhaltig beeinflußt. Diese mit Hilfe von Modellen vorhersagbaren Anomalien dauern in der Regel ein Jahr, und es gibt eine Tendenz für eine Vorzeichenumkehr in aufeinanderfolgenden Jahren. „El Niño“ ist vorhersagbar mit einer Vorwarnzeit von einem Jahr und mehr. Für den größten Teil der Extratropen und insbesondere Eurasien hat das „El Niño“-Phänomen allerdings keine Bedeutung.

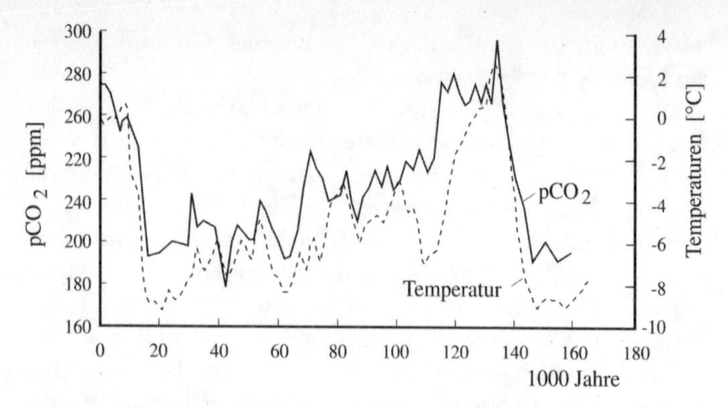

Abb. 12: Temperaturen (in °C) und CO_2-Konzentrationen (in ppm) der letzten 160 000 Jahre, abgeleitet aus dem Vostok-Eiskern. Die Temperaturen sind Abweichungen gegenüber heutigen mittleren Temperaturen.

Man geht heute davon aus, daß dem „El Niño"-Phänomen ein Prozeß zugrunde liegt, bei dem ein Wellenvorgang im tropischen Pazifik in einer bestimmten Phase in eine positive (also verstärkende) Wechselwirkung mit der Atmosphäre und insbesondere mit den Energie freisetzenden tropischen Konvektionsprozessen tritt.

Auch auf Zeitskalen von 10, 100 und mehr Jahren zeigt das Klimasystem ausgeprägte Schwankungen, die allerdings wegen fehlender oder inhomogener Beobachtungsdaten unzureichend dokumentiert und verstanden sind. Die „Kleine Eiszeit" in Nordeuropa von ca. 1500 bis 1750 ist ein Beispiel einer über Jahrhunderte anhaltenden Klimaanomalie. Das „Jüngere Dryas"-Ereignis vor etwa 11 000 Jahren, währenddessen es zu einer plötzlichen Rückkehr der Vereisung in Nordeuropa kam, gehört ebenfalls in diese Klasse von Variationen. Daß es auch auf noch längeren Zeitskalen Klimaschwankungen gibt, demonstriert eine berühmte Abbildung, die aus einem Eiskern abgeleitete, globale Mitteltemperaturen und atmosphärische CO_2-Konzentrationen über 160 000 Jahre zeigt (Abbildung 12). Der Eiskern wurde an der russischen Antarktisstation Vostok gezogen und gemeinsam von russischen und französischen Wissenschaftlern ausgewertet. Man sieht deutlich die relativ warmen Verhältnisse in den letzten 10000 Jahren, die Abfolge der Eiszeiten in den vorangehenden 90000 Jahren und das letzte Interglazial „Eem" vor etwa 120000 Jahren. Man erkennt auch die Parallelität bei der Entwicklung von Temperatur und CO_2-Konzentration – warme Temperaturen gehen mit erhöhten CO_2-Konzentrationen einher und umgekehrt. Dabei ist aber unklar, ob die veränderten Temperaturen Ursache für die veränderten CO_2-Konzentrationen sind oder umgekehrt – oder ob vielleicht beide von einem dritten, unbekannten Vorgang gesteuert werden.

Unser Wissen über die natürlichen Ursachen von Klimaänderungen ist unvollständig. Wie schon in Abschnitt 3.2 erwähnt, ist umstritten, wie weit sich Variationen der Sonnenaktivität auf das Klima auswirken. Das gilt insbesondere für die Sonnenflecken, die immer wieder eine wichtige Rolle in Überlegungen zu den Ursachen der Klimavariationen gespielt haben.

Grundsätzlich können längerfristige Klimaschwankungen durch drei verschiedene Prozesse erzeugt werden:

- Durch externe Einflüsse. Die berühmte Theorie des serbischen Astronomen Milutin Milankovicz, wonach die Eiszeiten durch zeitliche Variationen in den Erdbahnparametern erklärt werden können, gehört in diese Klasse. Man weiß heute, daß diese Zyklen nur einen Teil der Eis- und Warmzeitabfolgen erklären können. Andere externe Faktoren betreffen extraterrestrische Vorgänge, insbesondere die Sonnenleistung, oder Veränderungen der Topographie der Erde. Beispiele sind die markante Erhöhung der Leistung der Sonne im Laufe der Erdgeschichte (mehr dazu in Abschnitt 4.3) oder die Verlagerung der Kontinente.
- Bis in die 1950er Jahre hinein waren externe Einflüsse der einzige Erklärungsansatz für Klimaveränderungen. Diese Denkweise wird in dem Buch *Climatic Change* von Huntington und Visher aus dem Jahr 1922 dargestellt.
- Interne, „deterministische" Dynamik, etwa aufgrund von (nichtlinearen) Wechselwirkungen innerhalb des Systems,

vermag sehr interessante Zeitabläufe und Klimamuster zu erzeugen. Das schon erwähnte „Jüngere Dryas"-Ereignis gehört vermutlich in diese Kategorie. Hier ist insbesondere die „Chaos-Theorie" zu nennen, die sich aus der aufsehenerregenden Entdeckung des schon erwähnten Schmetterlingseffekts durch den amerikanischen Meteorologen Edward Lorenz Mitte der 60er Jahre entwickelt hat. Vorschläge, natürlichen Klimaschwankungen im Rahmen dieser „Chaos-Theorie" zu verstehen, wußten allerdings bisher nicht recht zu überzeugen.

- Die einfachste Erklärung stammt von dem Hamburger Klimatologen Klaus Hasselmann, wonach physikalische Systeme zu langsamen Variationen angeregt werden können, indem sie einem schnell veränderlichen, rein statistischen „Rauschen" ausgesetzt werden. Im Klimageschehen spielt die Wettervariabilität die Rolle des „Rauschens". Diese Erklärung wird als zutreffend für einen signifikanten Teil der natürlichen Klimavariabilität anerkannt. Sie ist konsistent mit der Abwesenheit ausgeprägter periodischer Zyklen und der zeitlichen Statistik der Klimavariabilität.

Zum Studium der natürlichen Klimavariabilität gibt es verschiedene Ansätze: einmal werden Beobachtungsdaten analysiert, zum anderen werden realitätsnahe Modelle des Klimasystems aufgestellt. Experimente im eigentlichen Sinne sind nicht möglich, da es nur *ein* Klimasystem gibt, das zudem „offen" ist, d.h. einer Reihe nicht kontrollierbarer, externer Einflüsse ausgesetzt ist. Zudem ist es schwierig, einen „Rand" oder eine Grenze des Klimasystems zu definieren. Was gehört zum Klimasystem dazu und was nicht? Die Sonne gehört nicht dazu, aber die Erdatmosphäre. Aber was ist mit der Vegetation oder dem Menschen?

Bei der Analyse von Beobachtungsdatensätzen stellt sich das schon angesprochene Problem der zeitlichen und räumlichen Repräsentanz. Globale Beobachtungen gibt es erst seit etwa 100 Jahren, und diese angeblich globalen Datensätze haben große räumliche Löcher. Große Gebiete des Pazifiks und des Südlichen Ozeans wurden über viele Jahre kaum von Schiffen befahren, so daß es aus diesen Gebieten kaum Daten gibt. Gute Datensätze mit hoher räumlicher Auflösung und qualitätsgesicherten Beobachtungen gibt es seit vielleicht 20 Jahren, seitdem Satelliten routinemäßig eingesetzt werden. Zur Beschreibung von Klimaschwankungen in Zeiträumen von Dekaden reichen solche Daten natürlich nicht aus.

Neben den instrumentellen Daten, die seit etwa 100 Jahren von den meteorologischen und ozeanographischen Diensten routinemäßig gesammelt werden, gibt es auch noch indirekte Daten, wie etwa aus den schon erwähnten Eiskernen; auch die Dicke von Baumringen oder die Ablagerungscharakteristika von Sedimenten geben Auskünfte über vergangene Klimaschwankungen. Erkenntnisse zu ziehen aus der „jährlichen Baumringdichte" oder den „Isotopenverhältnissen in Kalkschalen im Ozeansediment" ist keineswegs trivial und von beschränkter Genauigkeit. Fachmännisch interpretiert, ergibt sich ein Reichtum an Information über Klimaschwankungen im Verlauf von Hunderten, Tausenden bis hin zu Millionen von Jahren (vgl. auch van Andel, 1994).

Klimamodelle sind komplexe mathematische Realisierungen unserer Konzepte vom Funktionieren und von der gegenseitigen Abhängigkeit der Klimakomponenten. Sie sind Approximationen des wirklichen Klimasystems. Darin sind die Klimakomponenten Atmosphäre und Ozean am besten dargestellt, weil ein signifikanter Teil der Dynamik, nämlich die *Hydrodynamik*, zumindest prinzipiell vollständig bekannt ist. (Die Hydrodynamik beschreibt die Strömung von Flüssigkeiten und Gasen unter den Aspekten der Erhaltung von Masse, Energie und Impuls.) Allerdings ist diese Hydrodynamik deutlich nichtlinear, das heißt, Ereignisse mit großen und kleinen Abmessungen beeinflussen einander. Da die Gleichungen nicht exakt gelöst werden können, greift man zum Mittel der mathematischen Näherung. Wegen der Nichtlinearität des Systems beinhaltet diese Beschränkung auf den „signifikanten Teil" des komplexen Geschehens allerdings immer einen Fehler, der idealerweise klein ist.

Während also die Hydrodynamik zwar nicht perfekt, aber doch zufriedenstellend dargestellt ist, so ist die Modellierung der thermodynamischen Klimaprozesse (z.B. Phasenübergänge wie Kondensation von Wasser oder Mischungsvorgänge) problematischer. Diese Prozesse sind meistens gut verstanden, wenn man auf kleinen oder kleinsten räumlichen Skalen operiert. In Klimamodellen aber sind die kleinsten aufgelösten Raumskalen noch um mehrere Größenordnungen größer als die mikrophysikalischen Skalen der fraglichen irreversiblen Prozesse. Ein Beispiel: Der Prozeß des Einfangens und der Wiederabgabe von Strahlung in der Atmosphäre ist entscheidend für die Ausbildung des Klimas. In diesem Zusammenhang sind Wolken von besonderer Bedeutung, und der Prozeß des Einfangens und der Wiederabgabe hängt von der Größe der Wassertröpfchen in den Wolken ab. Für das Klimamodell interessiert die Tröpfchengröße selbst nicht, wohl aber deren Wirkung auf den Strahlungshaushalt und damit auf die regionalen Erwärmungs- und Abkühlungsmuster. Solche Prozesse werden in den Klimamodellen „parameterisiert", d.h., die Nettowirkung auf die großräumigen Zustandsvariablen wird *abgeschätzt.* Die Parameterisierungen werden so konstruiert, daß sie einfachen physikalischen Prinzipien nicht widersprechen und daß sie konsistent sind mit instrumentellen Beobachtungsdaten. Vor allem aber sollen sie die Simulation des globalen Klimas durch das Klimamodell verbessern. In diesem Sinne sind alle Parameterisierungen so optimiert, daß sie das *momentane* Klima wiedergeben. Man kann dann hoffen – da wir ja im physikalischen Maßstab von kleinen Änderungen sprechen –, daß die Parameterisierungen auch in einem etwas geänderten Klima gültig sind.

Klimamodelle können nur bedingt getestet werden in bezug auf ihre Fähigkeit, Klima*variabilität* darzustellen. Eine Möglichkeit ist die Prüfung, ob Klimamodelle den Jahresgang korrekt wiedergeben.

Auch die Vorhersagbarkeit von Wetter und dem „El Niño"-Phänomen sind Indizien, die für die Glaubwürdigkeit der Modelle sprechen. Aber inwieweit heutige Modelle die längerfristige natürliche Variabilität realistisch nachempfinden, ist derzeit noch unsicher.

Klimamodelle spielen eine herausragende Rolle in der Klimaforschung nicht nur wegen ihrer Fähigkeit, „Szenarien" zukünftiger Klimaentwicklungen zu generieren, sondern vor allem wegen ihrer Eigenschaft, eine „virtuelle, manipulierbare Realität" zu ermöglichen, in der gezielte (Gedanken-)Experimente möglich werden. Klimamodelle sind im Gegensatz zur Realität abgeschlossen (eine Abweichung von der Realität, die problematisch sein kann) und können – jedenfalls im Prinzip – beliebig oft und beliebig lange gerechnet werden, so daß, wie in der klassischen Physik, mehrere statistisch äquivalente Realisierungen generiert werden können. Mit solchen Klimamodelle lassen sich dann Versuche anstellen, etwa um die Rolle der Cirruswolken für den Klimazustand oder den Einfluß des mit Stürmen im Nordatlantik verbundenen Niederschlags auf die thermohaline ozeanische Zirkulation zu verstehen.

Wie das natürliche Klimasystem erzeugen Klimamodelle aus sich heraus, ohne jede Variation äußerer Faktoren, etwa der Sonnenstrahlung, Variabilität auf allen Zeitskalen. Diese Variabilität ist frei von Periodizitäten – abgesehen vom Tages- und Jahresgang – und ist von statistischem Charakter und kann daher auch in der Modellwelt nur für kurze Zeiträume vorhergesagt werden. Wiewohl die raum-zeitlichen Charakteristika dieser Variabilität anhand von Beobachtungen nicht streng verifiziert werden können, so läßt sich doch eine generelle Konsistenz mit empirischen Daten feststellen, und der dynamische Charakter der Variabilität kann anhand der simulierten Daten erkundet werden. Auf diese Weise gelingen dann Abschätzungen etwa über die Stabilität des Golfstromes, Einsichten in die Natur der Nordatlantischen Oszillation usw.

Der Erfolg der Klimamodelle in der Reproduktion von Details hängt aber von deren räumlichen Größe ab. Entsprechend der oben dargestellten Kaskadensicht sind die Modelle erfolgreicher, je größer die Abmessung ist. Andererseits gelingt die Reproduktion kleinräumiger Details häufig nicht.

4.3 Der vom Menschen verursachte Klimawandel

Das globale Klima wird weitgehend determiniert durch den Strahlungshaushalt und die Bedingung, daß auf der globalen Skala ein Strahlungsgleichgewicht herrscht. Dieses Gleichgewicht wurde bereits in Abschnitt 3.2 eingeführt; in Abbildung 13 ist es genauer darstellt, um aufzuzeigen, wie das Strahlungsgleichgewicht durch natürliche Vorgänge und menschliches Tun verändert werden kann.

Zunächst erreicht die Erde am Oberrand der Atmosphäre eine durch die Sonnenaktivität vorgegebene Energie E, die heutzutage 342 Watt pro Quadratmeter (W/m^2) beträgt. Diese Energie hat die Form kurzwelliger Strahlung. Von dieser Energie wird ein Teil als kurzwellige Strahlung in den Weltraum zurückgesandt. Die Strahlung wird an Wolken, Eisflächen, der Erdoberfläche usw. reflektiert. Im räumlichen Mittel beträgt der reflektierte Anteil $\alpha = 0.30$. Man nennt diesen Anteil *Albedo*. Die verbleibenden 70 % der ankommenden Strahlung werden zumeist von den verschiedenen Oberflächen der Erde, also im wesentlichen Land und Ozean, aufgenommen und führen dort zu einer Temperaturerhöhung. Andererseits geben diese Oberflächen nach dem Stefanschen Strahlungsgesetz langwellige (Wärme-) Strahlung A ab, und zwar proportional zur vierten Potenz der Temperatur. Je höher also die Oberflächentemperatur, desto energiereicher die langwellige Strahlung. Diese langwellige Strahlung trifft bei ihrem Weg in das Weltall auf die Gase in der Atmosphäre, die zum Teil die langwellige Strahlung absorbieren, um sie dann wieder in alle Richtungen abzugeben. So gelangt ein Teil der Energie wieder zur Oberfläche zurück, von der sie dann wiederum abgestrahlt wird. Wir bezeichnen diesen Anteil mit βA. Am Ende stellt sich die Temperatur so an der Oberfläche ein, daß die das Weltall erreichende langwellige Strahlung $(1-\beta)A$ gerade der ankommenden, nichtreflektierten kurzwelligen Strahlung $(1-\alpha)E$ entspricht. In der Notation der Skizze lautet diese Bedingung: $(1-\beta)A = (1-\alpha)E$. Dies ist der Treibhauseffekt. Tatsächlich ist der Sachverhalt noch um einiges komplizierter,

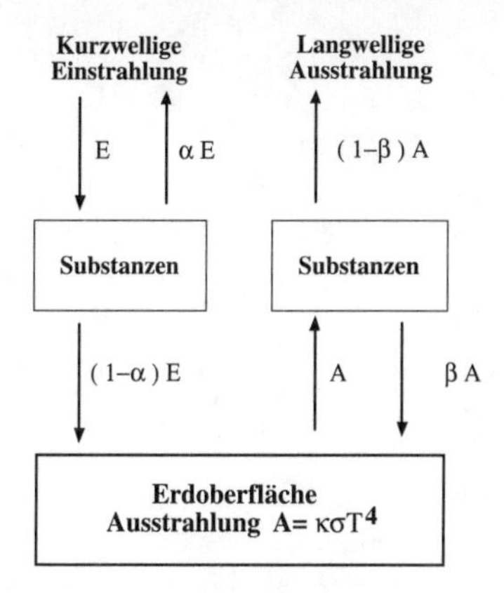

Abb. 13: Skizze des Strahlungsgleichgewichts. E ist die durch die Sonnenaktivität vorgegebene Energie. A ist die Wärmestrahlung. α ist die Albedo, also der Anteil der Sonnenstrahlung, der reflektiert wird. β ist der Anteil der Wärmestrahlung, der von der Atmosphäre zurückgestrahlt wird.

u.a. da die Oberfläche auch noch Energie verliert durch vertikale Wärme- und Feuchtetransporte. Dies ändert aber nichts an dem prinzipiellen Bild des Treibhauseffektes.

Gäbe es keine Erdatmosphäre, so sollte man aus dem Strahlungsgleichgewicht mit deutlich reduziertem α (keine Wolken) und $\beta = 0$ eine globale Mitteltemperatur von etwa −10 °C erwarten. Mit Berücksichtigung der Atmosphäre berechnet man einen realistischen Wert von +15 °C.

Aus dieser etwas verkürzten Darstellung ergeben sich eine Reihe von Möglichkeiten, das Klima systematisch zu ändern.

1) Zunächst könnte sich die Strahlungsleistung der Sonne E verändern. Dies scheint in der Erdgeschichte in der Tat der Fall gewesen zu sein; die Leistung scheint sich über den Zeitraum von einer Milliarde Jahren deutlich erhöht zu haben. Daß es im Gefolge dieser gesteigerten Sonnenleistung nicht zu dramatischen Temperaturveränderungen kam, ist vermutlich auf die gleichzeitige Veränderung der chemischen Zusammensetzung der Erdatmosphäre zurückzuführen, die mit einer Erhöhung von β einherging (siehe 4.).

2) Auch der Anteil der Reflexion, also die Albedo α, hat Einfluß auf die Erdtemperatur. Eine Erhöhung der Albedo vermindert die Temperatur. Tatsächlich gab es Vorschläge, die aufgrund des anthropogenen Treibhauseffekts zu erwartenden Temperaturerhöhungen dadurch auszugleichen, daß man große Spiegel in erdnahe Umlaufbahnen bringt, so daß die Reflektion der ankommenden Sonnenstrahlung verstärkt wird. Veränderungen der Größe schneebedeckter Gebiete und der Wolkenbedeckung wirken sich direkt auf die Albedo aus.
3) Die Oberflächeneigenschaften der Erde beeinflussen sowohl die Abstrahlung als auch den vertikalen Transport von Wärme und Feuchte in die Atmosphäre. Veränderungen der Oberflächeneigenschaften modifizieren also den Abfluß von Energie von der Oberfläche. Solche Veränderungen sind etwa großflächige Entwaldung von Oberflächen und Bodenversiegelung. Solche Mechanismen standen im Vordergrund von Befürchtungen im 19. Jahrhundert.
4) Die Fähigkeit der Erdatmosphäre, langwellige Strahlung einzufangen, hängt von der chemischen Zusammensetzung der Atmosphäre ab. Höhere Konzentrationen an absorbierenden Substanzen in der Atmosphäre führen also zu erhöhten Temperaturen. Solche Substanzen sind Wasserdampf, Kohlendioxid, aber auch andere Gase wie Fluorkohlenwasserstoffe (FCKWs), Methan oder Stickoxide. In der Erdgeschichte hat sich die Komposition der Atmosphäre deutlich verändert, und zwar in einer Weise, daß die oben angesprochene Erhöhung der Leistung der Sonne ausgeglichen werden konnte. Absorbierende Gase wurden im Laufe der Erdgeschichte in der Atmosphäre weniger. In diesem Zusammenhang ist die *Gaia-Hypothese* entwickelt worden: Nach ihr steuert die Biosphäre der Erde aktiv den (z.B. durch die Sonne bewirkten) natürlichen Umweltveränderungen entgegen und ermöglicht so ein Fortdauern des Lebens auf der Erde.

In das Klima der Erdoberfläche hat der Mensch seit dem Neolithikum eingegriffen. So führte sicher die Umwandlung Europas von einem bewaldeten Gebiet in eine landwirtschaftlich erschlossene Region zumindest zu einer regionalen Klimaänderung. In moderner Terminologie: Es wurde ein (nicht beabsichtigtes) Klimaänderungsexperiment mit dem Mechanismus 3 (Änderung der Landoberflächeneigenschaften) durchgeführt. Johann Gottfried Herder beschrieb diese frühen Einwirkungen des Menschen auf das Klima schon 1794 bildhaft und eindringlich: *„Seitdem er das Feuer von Himmel stal und seine Faust das Eisen lenkte, seitdem er Thiere und seine Mitbrüder selbst zusammenzwang und sie sowohl als die Pflanze zu seinem Dienst erzog; hat er auf mancherlei Weise zur Veränderung (des Klima beigetragen), Europa war vormals ein feuchter Wald und andre jetzt cultivierte Gegenden warens nicht minder: es ist gelichtet und mit dem Klima haben sich die Einwohner selbst geändert ... Wir können also das Menschengeschlecht als eine Schaar kühner, obwohl kleiner Riesen betrachten, die allmählich von den Bergen herabstiegen, die Erde unterjochen und das Klima mit ihrer schwachen Faust verändern. Wie weit sie es darinn gebracht haben mögen, wird uns die Zukunft lehren.“* Auch in Nordamerika wurde ein solches „Experiment“ durchgeführt: die Umwandlung der Prärie des mittleren Westens und großflächiger Wälder im Osten und von Sumpflandschaften Floridas in Ackerland. Auch in diesem Falle können die Veränderungen nicht anhand von instrumentellen Daten beschrieben und analysiert werden. Experimente mit Klimamodellen deuten aber an, daß die klimatischen Änderungen auf die unmittelbare Region beschränkt waren.

Heute werden in der Öffentlichkeit im wesentlichen zwei Fälle diskutiert, nämlich die Wirkung der fortgesetzten Abholzung tropischer Regenwälder und der „zusätzliche Treibhauseffekt“. Auf die Frage der Abholzung der Regenwälder soll wir hier nicht weiter eingegangen werden.

Der Treibhauseffekt ist ein Mechanismus der Art 4 für mögliche Ursachen der Klimaveränderungen, d.h., er beruht auf einer Veränderung der chemischen Zusammensetzung der Erdatmosphäre. Wie schon erläutert, ist ein gewisser Anteil von „strahlungsaktiven" Gasen in der Erdatmosphäre erforderlich, um lebensfreundliche Temperaturen zu ermöglichen. Gegenwärtig jedoch wird die Konzentration der strahlungsaktiven Gase dramatisch erhöht – hauptsächlich durch das Verbrennen fossiler Brennstoffe, so daß eine Verdopplung der Kohlendioxidkonzentration in einigen Jahrzehnten denkbar erscheint. Auch die Emission von Methan in die Atmosphäre hat sich in den letzten Jahren und Jahrzehnten erhöht. Methan wird von Reisfeldern emittiert, von Nutztieren wie Kühen, aber auch bei der Verarbeitung und dem Transport von Erdgas freigesetzt. Der Erwärmungseffekt, der von diesen anthropogenen Emissionen ausgeht, wird der „zusätzliche Treibhauseffekt" genannt, der nicht mit dem natürlichen, lebensnotwendigen Treibhauseffekt verwechselt werden darf. Ohne CO_2 gibt es keine Photosynthese und damit keine Pflanzenwelt. Insofern ist es unsinnig, von Kohlendioxid als „Klimakiller" zu sprechen.

Für den Fall, daß die gegenwärtigen Emissionen von Kohlendioxid und anderen Treibhausgasen fortgesetzt ansteigen, erwartet man einen Anstieg der globalen Lufttemperaturen von 1 °C bis 4 °C bis zum Ende des 21. Jahrhunderts. Gleichzeitig rechnet man mit Veränderungen in der Niederschlagsverteilung sowie einer Erhöhung des Meeresspiegels um einige Dezimeter. Die erwarteten Änderungen werden nicht sprunghafter Art sein, sondern graduell. Ein Ende der Veränderungen ist erst viele Jahrzehnte nach der Beendigung bzw. Stabilisierung der anthropogenen Emissionen zu erwarten. Alle Aussagen über regionale Details sind mit sehr großen Unsicherheiten behaftet.

In den Medien wurde immer wieder die Befürchtung geäußert, daß die Polkappen abschmelzen könnten und es so zu Wasserstandserhöhungen von vielen Metern kommt. In der Tat äußerten einzelne Wissenschaftler zu Beginn der Diskussion Ende der 1970er Jahre Vermutungen, daß der Westantarktische Eisschelf abschmelzen und eine globale Erhöhung des

Wasserstandes von 6 m bewirken könnte. Heute sagt das kein ernstzunehmender Klimaforscher mehr, wohl aber bisweilen Medienvertreter und Umweltorganisationen. Dagegen halten es Klimaforscher durchaus für möglich, daß die Eiskappen von Grönland und der Antarktis anwachsen könnten, da es mehr Niederschlag geben könnte. Und Niederschlag transformiert sich in Eis, unabhängig davon, ob er bei –30 °C oder bei –25 °C fällt.
Diese Erwartungen werden gestützt durch Simulationen mit den schon früher diskutierten Klimamodellen. In diesen Modellen wird das Klimasystem einer stetigen Veränderung der chemischen Komposition der Erdatmosphäre ausgesetzt, wobei typischerweise CO_2-Emissionsanstiege von 1 % pro Jahr angenommen werden. Diese Annahme ist nicht trivial und wurde von Wirtschaftswissenschaftlern als plausibel empfohlen. Ob diese Annahme sinnvoll ist, darf man angesichts des unstetigen und über längere Zeiträume unvorhersagbaren Verlaufs des globalen Wirtschaftssystems in Zweifel ziehen. Bisweilen werden auch Simulationen mit verminderten Emissionsraten berechnet, etwa eine zukünftige Stabilisierung oder die Reduktion auf ein Emissionsniveau früherer Jahre. Auf jeden Fall deuten alle Rechnungen an, daß ein einfaches Stabilisieren der Emissionen auf dem heutigen Niveau erst in einigen Jahrzehnten zu einer Stabilisierung der Temperatur auf hohem Niveau führen wird. Der Verbleib bei heutigen Temperaturen wird – diesen Rechnungen zufolge – nur möglich sein, wenn die heutigen Emissionen deutlich reduziert werden. Abbildung 14 zeigt einige hypothetische Emissionsszenarien und die von Klimamodellen errechneten „Antworten" der CO_2-Konzentration und der Lufttemperatur.

Die Frage ist natürlich, ob erste Anzeichen der erwarteten globalen Klimaänderungen bereits beobachtet werden können. In der Öffentlichkeit wird diese Frage häufig verkürzt auf die Interpretation von kurzfristigen Ereignissen, wie ein oder einige wenige warme Sommer in Folge oder eine Serie von schweren Stürmen. Tatsächlich sind solche Ereignisse „normal" im Sinne der natürlichen Klimavariationen: An einzelnen Orten

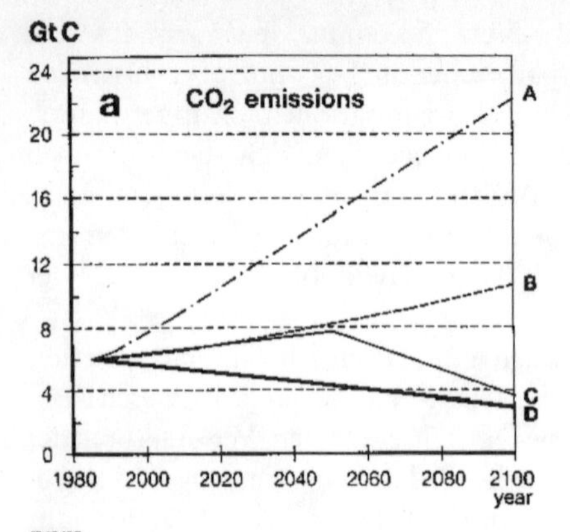

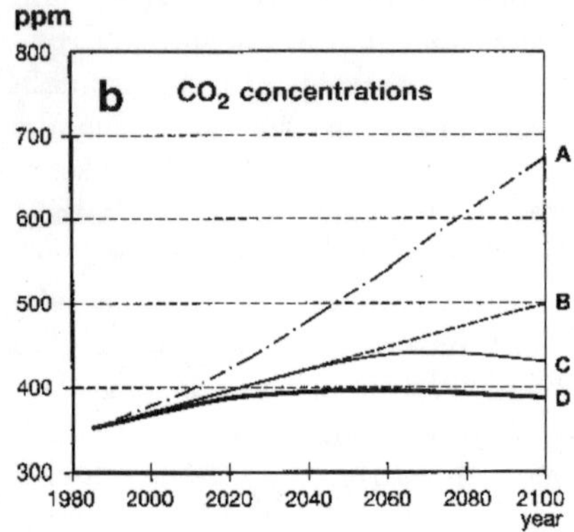

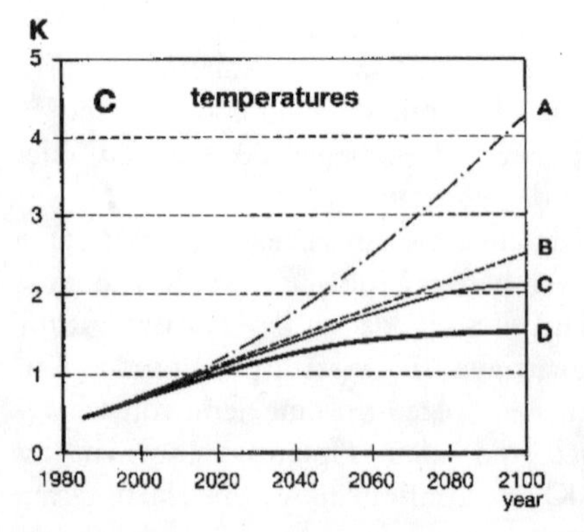

Abb. 14: Szenarien von CO_2-Emissionen und den aus einem Klimamodell abgeleiteten Veränderungen in der CO_2-Konzentration und global gemittelten Lufttemperaturen (Tahvonen et al., 1993, *Climate Research* 4, 127–141)

sind Jahrhundertniederschläge, Stürme oder Kältephasen selten, aber die Wahrscheinlichkeit, daß *irgendwo* ein Jahrhundertereignis stattfindet, ist durchaus nicht klein. Mit anderen Worten: Die Wahrscheinlichkeit, daß man selbst am kommenden Wochenende im Lotto sechs Richtige hat, ist äußerst klein; aber die Wahrscheinlichkeit, daß überhaupt jemand sechs Richtige hat, ist fast 100 %.

Eine überzeugende „Detektion" des anthropogenen Klimawandels kann nur gelingen mit langen Reihen von Beobachtungsdaten. Diese müssen viele Dekaden umfassen, und nur damit läßt sich zwischen „normal" und „unnormal" unterscheiden. Um als anthropogene Klimaänderung erkannt werden zu können, muß die gefundene Änderung größer oder andersartig in der räumlichen Verteilung als entsprechende natürlich hervorgerufene Änderungen sein. Betrachtet man die Sturmstatistik der letzten 30 Jahre, so findet man einen steten Anstieg, vergleicht man diese Zahlen aber mit Sturmdaten vom Anfang des Jahrhunderts, so findet man damals ähnlich hohe Werte wie heute. Zur Beurteilung der Normalität oder einer Abweichung von normalen Mustern reichen also Daten über 30 Jahre nicht aus. Viele Interpretationen über systematische Veränderungen beruhen auf unzulässigen Verallgemeinerungen von Analysen zu kurzer Datensätze. Satellitendaten sind daher in der Regel schon aus diesem Grunde für Detektionszwecke unbrauchbar.

Die Datenreihen müssen darüber hinaus „homogen" sein, d.h., Änderungen der Daten müssen auf Veränderungen in der Umwelt und nicht auf Veränderungen des Beobachtungsvorganges beruhen. Sie müssen ferner über den Beobachtungszeitraum in gleicher Art repräsentativ für das analysierte Gebiet sein. Die Sturmdaten von Abbildung 4 sind nicht homogen, da sie nicht eine Veränderung der Sturmhäufigkeit darstellen, sondern die Unterschiede in den Windgeschwindigkeiten an zwei verschiedenen Orten in Hamburg. Das gleiche gilt für Satellitendaten, die oft genug künstliche Entwicklungen aufweisen, da die Geometrie der Umlaufbahn des Satelliten sich langsam ändert und Sprünge entstehen, wenn alte Satelliten durch neue ersetzt werden. Die Temperaturreihe von Sherbrooke in Abbildung 5 ist in diesem Sinn ebenfalls ungeeignet – nicht nur wegen der Sprünge in den Daten, sondern auch wegen des Stadteffektes. Aus Gründen dieser Art können viele Beobachtungsdaten für die Analyse der aktuellen Klimatrends nicht verwendet werden. Praktisch erfüllen nur die Reihen der Lufttemperatur über Land und See (von Schiffen aus und an meteorologischen Landstationen gemessen) sowie Luftdruckreihen die notwendigen Anforderungen.

Eine Analyse des globalen Temperaturdatensatzes ergibt tatsächlich, daß seit ungefähr 100 Jahren die Lufttemperatur mit Unterbrechungen ansteigt. Der Erwärmungstrend der letzten 30 Jahre hat ein räumliches Verteilungsmuster, wie es in etwa von Klimamodellen antizipiert wird. Er ist größer als alle Trends, die in den bisherigen Beobachtungen gefunden oder in Klimasimulationen ohne Erhöhung der Treibhausgaskonzentrationen simuliert wurden. Wenn man alle beobachteten und simulierten Trends zusammenfaßt in einer Wahrscheinlichkeitsverteilung, sieht man, daß die Wahrscheinlichkeit, einen Trend wie den zuletzt beobachteten zu finden, *ohne* daß ein ursächlicher Zusammenhang mit der unzweifelhaften Veränderung der chemischen Komposition der Erdatmosphäre bestünde, weniger als 5 % beträgt. (Diese Aussage ist etwas unpräzise – genauer müßte es heißen: „ohne daß externe Faktoren wirken". Mit anderen Worten: die Veränderungen der chemischen Zusammensetzung der Erdatmosphäre ist eine sehr plausible Ursache für den Anstieg der Temperatur.) In der Terminologie der Statistik heißt das: „signifikant zum 95 %-Niveau". Bei der Feststellung der Signifikanz ist der Vorbehalt wichtig, daß die Abschätzung der natürlichen Variabilität richtig ist. Übrigens verwandelte sich in einigen Medien fälschlicherweise die „95 %ige Signifikanz" in absurde Aussagen wie: „95 % der Erwärmung sind anthropogenen Ursprungs".

In einer vorbildlichen Anstrengung faßte seit Ende der 1980er Jahre das „Intergovernmental Panel of Climate Change" (IPCC), das sich aus anerkannten Fachwissenschaftlern zusammensetzt, den Stand der Forschung im Problembereich des anthropogenen Klimawandels in drei detaillierten Berichten (1990, 1992, 1995) zusammen. Demnach gilt es als unstrittig, daß die Konzentration von strahlungsaktiven Gasen seit dem Beginn der Industrialisierung dramatisch zugenommen hat. Die erwarteten Implikationen dieser erhöhten Konzentration für die Zukunft ergeben sich ausschließlich aus Rechnungen mit Klimamodellen, da die Beobachtungsdaten zu kurz, zu inhomogen und – wegen der natürlichen Klimavariabilität – mit „Rauschen" behaftet sind. Die jüngsten Anstiege der bodennahen Temperatur, gemittelt über weite Teile des Globus und über mehrere Jahre, erscheinen per se dramatisch, sind aber nur wenig stärker als der Anstieg in den 1920/30er Jahren. Daher formulierte das IPCC noch 1992 vorsichtig: „*... die Erwärmung trifft im Großen und Ganzen mit den Prognosen der Klimamodelle überein, ist aber gleichzeitig so groß wie die natürlichen Klimaschwankungen. Infolgedessen ist denkbar, daß die beobachtete Zunahme vor allem Resultat dieser internen Klimavariabilität ist ... eine zweifelsfreie Messung des Treibhauseffekts ist erst in einem Jahrzehnt oder später möglich.*" Im Bericht von 1995 heißt es dann deutlicher: „*... die Abwägung der Daten deutet darauf hin, daß es einen klaren menschlichen Einfluß auf das globale Klima gibt.*"

4.4 Klimaänderungen als soziales Konstrukt

Das Alltagsverständnis von Klima und Klimaveränderungen ist bisher kaum erforscht. Sicher ist die Analyse des alltäglichen Verständnisses von Klima keine leichte Aufgabe, zumal die Frage nach der Komplexität des sozialen Konstruktes Klima und Wetter und seinen Ursprüngen hinter der Selbstverständlichkeit verborgen ist, mit der wir im Alltag diese Begriffe verwenden. Diese Routine läßt darauf schließen, daß wir beinahe so etwas wie „natürliche", intuitive Einsicht in diese Erscheinungen haben.

Dennoch verdeckt gerade die alltägliche Gegenwart dieser Themen auch eine gewisse Doppeldeutigkeit, Zerbrechlichkeit und vielleicht sogar ein gewisses Unverständnis von Klima im Alltag. Auf jeden Fall dürfte ein bestimmtes Verständnis von Klima im Alltag fest verwurzelt sein. Erkenntnisse über alltägliche Interpretationen von klimatischen Bedingungen sind nicht nur als Einsichten in den gesellschaftlichem Umgang mit natürlichen Prozessen von Interesse, sondern sind auch deshalb von Bedeutung, weil sie uns unter Umständen wichtige Hinweise darauf geben können, wie die Öffentlichkeit auf wissenschaftliche Erkenntnisse, die Klima und Klimaveränderungen betreffen, reagiert. Schließlich dürfte jede Konzeption von Klimapolitik und jede Reaktion auf Klimapolitik von dem Alltagsverständnis von Klima tangiert werden.

Brückner gibt uns einen vielleicht entscheidenden Hinweis, wenn er sagt, das „*Bewusstsein der Constanz des Klimas ist tief eingewurzelt im Volk und spricht sich in der sicheren Zuversicht aus, daß ungewöhnliche Witterung einer Jahreszeit oder eines Jahres durch diejenige des folgenden wieder wett gemacht werden müsse.*“ Ob das Vertrauen in die Normalität oder Konstanz des Klimas mit tatsächlichen Beobachtungen zusammentrifft, ist eine andere Frage.

Offensichtlich glaubten die Menschen in westlichen Gesellschaften zumindest seit der Aufklärungszeit fast immer, das Wetter würde schlechter. Den interessanten Fall der „weißen Weihnachten“ untersuchte 1996 die Schweizerin Martine Rebetez. Es gilt fast schon als Gemeinplatz, daß es heute nur noch selten „weiße Weihnachten“ gibt, während früher in der Regel Weihnachten Schnee lag. Die Auswertung der verfügbaren Beobachtungsdaten für eine Reihe von Wetterstationen in der Schweiz ergibt, daß die Wahrscheinlichkeit für Schnee am Weihnachtstage in Zürich nur 25 % beträgt (oder, in anderen Worten: Nur eine von vier Weihnachten ist im Durchschnitt weiß). Für höhergelegene Orte, wie das in 850 m Höhe gelegene Einsiedeln, ist die Wahrscheinlichkeit über 80 %, während es im 400 m hohen Genf etwas weniger als 20 % sind. Bemerkenswert ist nun, daß die Wahrscheinlichkeit für Schnee im Laufe der Zeit *nicht* abgenommen hat. Wenn überhaupt, hat es in den letzten Jahrzehnten sogar etwas *mehr* Schnee gegeben und nicht weniger. Insofern stimmt die öffentliche Meinung, daß die Wahrscheinlichkeit für weihnachtlichen Schnee gering sei; es stimmt aber nicht, daß dies irgendwie ungewöhnlich wäre; vielmehr ist es die Regel und nicht die Ausnahme, daß Ende Dezember in den tiefergelegenen Orten kein Schnee liegt.

Der amerikanische Anthropologe Willet Kempton und seine Kollegen haben eine Studie zum alltäglichen Verständnis von Klima, Klimaänderungen und Klimabedrohungen unter amerikanischen Laien durchgeführt. Zunächst wurde eine Gruppe von 20 Laien in freien Interviews befragt; daraus wurde ein Fragebogen entwickelt, der dann von einer größeren Gruppe von Personen beantwortet wurde, um zu prüfen, inwieweit es sich bei den in den ursprünglich in Interviews geäußerten Meinungen um Einzelmeinungen handelte.

Eine Frage war: „*Welche Faktoren beeinflussen Ihrer Meinung nach das Wetter?*" Einige Antworten waren konsistent mit der meteorologischen Schulmeinung, nämlich „*Strahlstrom*" (in den USA ein von den Fernsehnachrichten zu Recht immer wieder betonter Faktor) oder „*Sonnenflecken, Vulkanismus, Geologische Vorgänge*", während andere Antworten überraschten:

- „Umweltverschmutzung"
- „Brände, z.B. Brände des tropischen Regenwaldes oder der Wälder im Westen (in den USA). Der Einsatz von Insektiziden und derlei Dinge. Auch Herbizide, wie sie von der Landwirtschaft zur Prävention gegen Unkraut eingesetzt werden. Die wichtigsten Faktoren sind Brände und Umweltverschmutzung durch Autos."
- „Die Atombomben. Sie hatten eine furchtbare Wirkung auf unser Wetter. Diese Tests ... es scheint, daß die Dinge seitdem verändert sind; die Niederschläge sind heftiger. Das Wetter ist sehr variabel."
- „Meine private Theorie ist, daß jedesmal, wenn etwas ins Weltall geschossen wird, die Atmosphäre in Unordnung kommt. Es scheint, daß wir jedesmal merkwürdiges Wetter bekommen. Früher gab es in dieser Gegend kaum Tornados

oder heftige Stürme …“ Schließlich wurde in den Fragebogen die Zustimmung zur Behauptung: „Es könnte einen Zusammenhang zwischen dem Wetter und dem Start von Weltraumraketen bestehen“ erfragt. In 43 % der Fragebogen wurde Zustimmung signalisiert.

Selbst wenn fast alle Befragten der Umfrage sich unter Begriffen wie „Global Warming“ oder „Treibhauseffekt“ etwas vorstellen konnten, so brachten die meisten jedoch mentale Modelle damit in Verbindung, die vom naturwissenschaftlichen Verständnis dieser Vorgänge völlig abweichen.

- Das häufigste alltägliche Modell ist das der „Umweltverschmutzung“ nach dem Vorbild des „sauren Regens“. Die schädlichen Substanzen werden als künstlich angesehen, die giftig für lebende Organismen sind: „*Also, ich persönlich habe nichts gegen warmes Wetter, aber ich finde es falsch, was wir in die Atmosphäre tun … all diese Aerosole und das Ozon und so weiter … es ist falsch, weil wir diese Chemikalien, die wir in die Atmosphäre tun, atmen müssen.*“ Als Emissionsquellen dieser schädlichen Substanzen werden zuallererst Autos und die Industrie angesehen. Das Problem kann dieser Vorstellung nach durch den Einsatz geeigneter Filter gelöst werden. Dieses Modell ist jedoch falsch, weil der emittierte Stoff, nämlich Kohlendioxid, gesundheitsneutral ist und auch in der Natur vorkommt und von jedem von uns ununterbrochen ausgeatmet wird. Die Hauptquelle von Kohlendioxid sind Verbrennungsprozesse in Kraftwerken, Verkehr und Heizung. Bisher gibt es keine wirtschaftlich einsetzbaren Filter zur Begrenzung des Eintrags von CO_2 in die Atmosphäre; die einzige Option bisher ist die Verminderung des Gebrauchs fossiler Brennstoffe durch Einsparen oder effizientere Nutzung. Allerdings werden derzeit Techniken entwickelt, die in der Abluft von Kraftwerken vorhandenes CO_2 herausfiltern sollen.
- Oft wird auch das Problem des „Global Warming“ vermengt mit dem Problem des Ozonverlustes in der Stratosphäre. So stellt ein Befragter fest: „… *die schützende At-*

mosphärenschicht um die Welt ... diese Schichten werden dünner und dünner, und mehr und mehr Wärme wird verloren." In Zeitungen ist die Rede von „*Ozon zerstörenden Kohlendioxidemissionen*". Tatsächlich sind die beiden Prozesse „zusätzlicher Treibhauseffekt" und „stratosphärische Ozonverminderung" miteinander verbunden, weil die das Ozon zerstörenden FCKWs auch zum Treibhauseffekt beitragen. Aber beim „Global Warming" geht es zuallererst um Kohlendioxid, was das stratosphärische Ozon, und damit das Ozonloch, nicht beeinflußt.

- Ein drittes Modell geht davon aus, daß die Mengen von Sauerstoff und Kohlendioxid in direktem Zusammenhang miteinander stehen und daß eine Erhöhung der Kohlendioxidkonzentration notwendigerweise zu einer Verminderung der Sauerstoffkonzentration führen muß: „*Ziemlich bald werden wir keinen Sauerstoff zum Atmen mehr haben.*" Die Erhöhung der Kohlendioxidkonzentration geht nach dieser Vorstellung vor allem auf das Abholzen der Wälder zurück, da die Bäume das von Mensch und Tier erzeugte Kohlendioxid in Sauerstoff umwandeln. Der Behauptung: „*Wenn alle Wälder abgeholzt sind, werden wir bald keinen Sauerstoff zum Atmen mehr haben*" wird in 77 % aller Fragebogen zugestimmt. Tatsächlich zeigt eine einfache Überschlagsrechnung, daß ein Verbrennen aller Wälder (mit einer Masse von ca. 5 000 Gigatonnen Kohlenstoff) die atmosphärische Sauerstoffkonzentration von heute 20 % auf 19,8 % reduzieren würde.

Zusammengefaßt kann man sagen, daß die Befragung in den USA naturwissenschaftlich falsche Vorstellungen bei Laien mit verschiedensten beruflichen Hintergründen, wie Umweltaktivisten, durch Umweltpolitik arbeitslos gewordenen Waldarbeitern, aber auch bei Beratern von Kongreßabgeordneten offengelegt hat.

Wie sind diese Vorstellungen in der Öffentlichkeit entstanden? Welche Faktoren und Kräfte sind am Prozeß der gesellschaftlichen Konstruktion von Klimabewußtsein und Klimaverständnis beteiligt? Dies ist zwar noch nicht systematisch erforscht; es würde aber sicher interessante und für den politischen Umgang nützliche Resultate bringen. Vermutlich sind eine Reihe von Faktoren von Belang:

- Tradierte Vorstellungen von Klima und Klimawandel, wie wir sie im vorangehenden Abschnitt erörtert haben. Ein gerade jetzt aktuelles Thema ist der bevorstehende Jahrtausendwechsel, den zumindest in Nordamerika fundamentalistische Prediger ihrer Fernsehgemeinde mit der biblischen Endzeit in Verbindung bringen. Da passen Klimakatastrophe und extreme Wetterereignisse sehr gut.
- Interpretation neuer Entwicklungen mit Hilfe von Vorstellungen, die in Analogie mit anderen Zusammenhängen gebildet wurden. Beispiele sind der schon oben erwähnte saure Regen und der stratosphärische Ozonabbau.
- Reißerische Berichterstattung in den Medien und Darstellungen in populärwissenschaftlichen Büchern, in denen ein deutlicher Trend zu absatzfördernden Übertreibungen und undifferenzierten Formulierungen zu beobachten ist. Im Folgenden sind einige Beispiele aus den letzten Jahren aufgeführt.
  - Auf dem Umschlag eines das Klimaproblem dramatisierenden englischen Buches heißt es: „Wir werden eingeholt von den Konsequenzen unserer Gier und unserer Dummheit. Fast zwei Drittel unserer Welt werden unter dem Wasser der Polarkappen verschwinden, die aufgrund des Ozonabbaus und der Entwaldung abschmelzen werden.“ Hier wird ganz explizit der große Knüppel des Abschmelzens der Polkappen herausgeholt. Wie schon erwähnt, gibt es kein plausibles wissenschaftliches Argument für ein solches Abschmelzen. Mit Ozonabbau und Entwaldung hat diese Vermutung nichts zu tun.
  - Im Juni 1994 schreibt die angesehene dänische Tageszeitung *Politiken*: „Die Umweltorganisation Greenpeace hat einen Bericht über 500 extreme Wetterereignisse – Orkane, Rekordtemperaturen, Dürre und ähnliches – aus

den letzten drei Jahren herausgegeben. Diese Extreme haben in den letzten Jahren zugenommen und werden von Greenpeace als die ersten Anzeichen des Treibhauseffektes verstanden. Der Bericht ‚Die Zeitbombe', der dem Umweltminister überreicht wurde, soll halbjährlich auf einen neuen Stand gebracht werden." Unterscheidungen von natürlichen und nicht-natürlichen Klimavariationen mit Daten über nur drei Jahre sind nicht möglich, wie wir gesehen haben.

- Der Klimaexperte der SPD-Bundestagsfraktion Michael Müller erklärt in der *Frankfurter Rundschau*: „Die Veränderungen im Klimasystem – insbesondere die Zunahme der extremen Schwankungen und ungewöhnlichen Wettererscheinungen – sind ohne Zweifel dem Menschen zu verdanken." Einige Jahre später findet die Münchener Rückversicherung, daß 1997 ein Jahr mit weniger Naturkatastrophen als in den vorangehenden Jahren war. Zweifellos haben sich die versicherten Schäden durch Stürme und andere Wettererscheinungen in den letzten Jahren deutlich erhöht, aber es ist unklar, inwieweit veränderte Verhaltensweisen und Ressourcennutzungen zu diesem stetigen Anstieg der Versicherungsschadenssummen geführt haben. Ein kausaler Zusammenhang zwischen anthropogenen Klimaänderungen und der Zunahme von Extremereignissen ist jedenfalls wissenschaftlich nicht belegt.

• Interessant ist bei all diesen Darstellungen und Rekonstruktionen wissenschaftlicher Erkenntnisse, daß die Verarbeitung und Filterung der Information unter der Hand zu einer neuen Realität wird, an der sich die Wissenschaft später zu messen hat. So verwendet zum Beispiel Dirk Maxeiner in seinem *ZEIT*-Artikel vom 25. Juli 1997 „Die Launen der Sonne" das Ausbleiben der in den Medien auf überzogenen Interpretationen beruhenden Vorhersagen als Argument *gegen* die Validität der Erkenntnisse der Klimaforschung. Der Klimaforscher Hasselmann macht in seiner Replik „Die Launen der Medien" auf diesen Zyklus aufmerksam, der den Medien stets den Vorteil der aktuellen Nachricht bringt, jedoch auf Kosten einer sachlich korrekten Vermittlung der Tatsachen. Zunächst wird der Sachverhalt verkaufsfördernd übertrieben, später wird dann verkaufsfördernd enthüllt, daß die Wissenschaft unzulässig dramatisiert bzw. unzutreffende Voraussagen gemacht habe.

- Natürlich sind auch wirtschaftliche und gesellschaftliche Interessen im Spiel. Da die Energieerzeugung aus fossilen Brennstoffen im Zentrum des Klimaproblems steht, ist eine Konkurrenz- und Konfliktsituation gegeben. Umweltbewegungen verwenden die anthropogene „Klimakatastrophe“ als schlagendes Beispiel für die Ausbeutung und den Mißbrauch der Natur durch Industriegesellschaften mit unverantwortlichen Folgen für Mensch und Ökosystem. Versicherungen sehen ihre Marktchancen verbessert, wenn unter ihren Klienten und in der Öffentlichkeit allgemein der Eindruck zunehmender Risiken entsteht.
- Auch Klimawissenschaftler spielen im Kontext der öffentlichen Karriere von Umweltthemen eine bisweilen unrühmliche Rolle. Neben der Informationspflicht gibt es auch andere, möglicherweise unbewußte Motive, an die Öffentlichkeit zu gehen, wie etwa die Aussicht auf mehr Fördermittel, ein unbestimmter Drang zur Weltverbesserung oder einfach das Vergnügen, sich im Scheinwerferlicht der Medien zu sehen. Wissenschaftler sind sich auch im klaren, daß dramatisierende Darstellungen die Aufmerksamkeit der Öffentlichkeit und politischer Entscheidungsträger erhöht und die Bereitschaft zum „Zuhören“ verbessert. Das heißt, nicht nur die Medien bemühen bestimmte rhetorische Strategien, um im großen Rauschen vieler konkurrierender Themen nicht nur Gehör, sondern auch Zustimmung zu erzielen. Bei Interviews mit Klimaforschern in den Medien wird üblicherweise zunächst über die naturwissenschaftlich abgesicherten Vorstellungen referiert, dann fragt der Journalist den Wissenschaftler nach den Folgen für die Allgemeinheit, die Wirtschaft oder die Politik. In diesem Moment verläßt der Naturwissenschaftler sein Spezialgebiet und beginnt als

gebildeter Laie über komplexe gesellschaftliche Zusammenhänge zu spekulieren. Typisch für dieses Schema ist der folgende Ausschnitt aus einem Interview der Illustrierten *STERN*: „*Und was wird mit der Atmosphäre los sein?*" – „*Wir müßten immer öfter mit starken Tiefdruckgebieten und Stürmen rechnen. Möglicherweise kann dann auch Landwirtschaft nicht wie bisher betrieben werden, weil bei steigendem Meeresspiegel unser Grundwasser versalzt. Auch die Sahara könnte sich zum Beispiel übers Mittelmeer ausdehnen. Und wenn bestimmte Landstriche nicht mehr bewohnbar sind, werden die Menschen dort hinziehen, wo noch akzeptable Bedingungen herrschen. Es gäbe Völkerwanderungen und Klimakriege.*" Interviews mit Klimawissenschaftlern, die sich weigern, Fragen nach den gesellschaftlichen Klimafolgen zu beantworten, weil sie jenseits ihrer fachspezifischen Kompetenz liegen, werden manchmal gar nicht gesendet.

Im Winter 1996/97 wurden Klimaforscher in den USA und Deutschland in einer schriftlichen Umfrage nach einer Reihe von Einstellungen befragt. Unter den Fragen waren die folgenden:

1) Inwieweit haben Wissenschaftler eine Rolle dabei gespielt, das Thema Klima von einem wissenschaftlichen in ein soziales und öffentliches Thema umzuwandeln?
2) Einige Wissenschaftler nehmen extreme Positionen in der Klimadebatte ein, um die Aufmerksamkeit der Öffentlichkeit über die Klimadiskussion zu erregen. Stimmen Sie hierin überein?

Die Befragten antworteten auf einer Skala von 1 bis 7, wobei eine 1 große Zustimmung zu den Aussagen darstellt und eine 7 eine deutliche Ablehnung. Eine 4 repräsentiert eine unentschiedene Haltung. Die Ergebnisse sind in Abbildung 15 als Häufigkeitsverteilungen, getrennt für die USA und Deutschland, dargestellt.

In beiden Ländern stimmen die Befragten der Beobachtung zu, daß die Naturwissenschaftler selbst eine bedeutende Rolle bei der Transformation des Klimaproblems aus der wissenschaftlichen in die politische Arena gespielt haben. Die Antworten auf die zweite Frage sind zwiespältig. Einerseits gibt es größere Gruppen von Wissenschaftlern, die extreme Darstellungen zum Zweck der Alarmierung und der Warnung der Öffentlichkeit befürworten. Eine weitere große Gruppe der Befragten lehnt ein solches Verhalten dagegen ab. Interessanterweise bildet die erste Gruppe in Deutschland die Mehrheit, während in den USA diese Verhaltensweise von der Mehrheit der Befragten abgelehnt wird.

Fassen wir zusammen: Durch die Aufheizung der Atmosphäre, die Zerstörung der Ozonschicht, die Abholzung von Wäldern, das moderne Transportwesen und ähnliche Prozesse entsteht die Vorstellung einer von den Menschen verursachten Klimaveränderung in historischer Zeit, die in der Öffentlichkeit kontrovers diskutiert wird. Während man die bisherige Geschichte der Zivilisation als die einer Emanzipation der Gesellschaft von der Natur (einschließlich des Klimas) verstanden hat, kommt es nach dieser Vorstellung zu einer dramatischen Wende, in der die Natur wieder zunehmend den Menschen beherrscht. Die Natur wird als Strafe dafür, daß der Mensch mit dem ökologischen Gleichgewicht gespielt hat, krank und macht krank: „Die Natur schlägt zurück." Die Frage ist natürlich, ob die Natur sich ändert oder, als Resultat unserer Forschungsbemühungen, unsere Betrachtungsweise der Natur.

Dieser Umkehrprozeß wird oft mit Hilfe einer aus der Medizin entliehenen Terminologie beschrieben. Der deutsche Klimafolgenforscher Joachim Schellnhuber verwendet zum Beispiel den Begriff „Syndrom" für die Diagnose charakteristischer krankhafter Umweltsituationen. Die Behandlung dieser Syndrome erfordert zunächst die Diagnose durch den naturwissenschaftlichen Systemanalytiker.

In diesem Zusammenhang sind es wissenschaftliche Erkenntnisse, die politische Prozesse in Gang setzen und strukturieren.

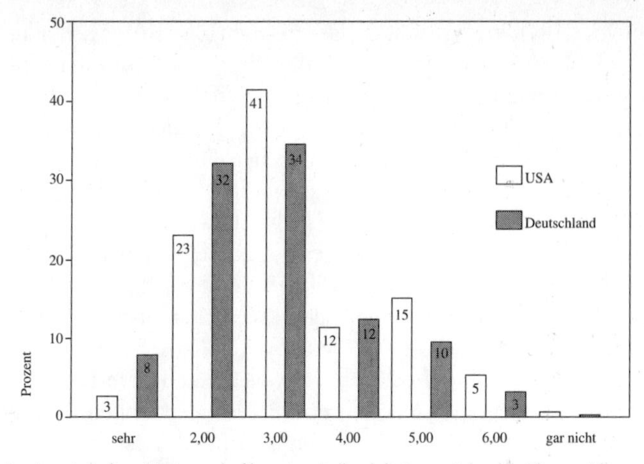

Inwieweit haben Wissenschaftler eine Rolle dabei gespielt, das Thema Klima von einem wissenschaftlichen in ein soziales und öffentliches Thema umzuwandeln?

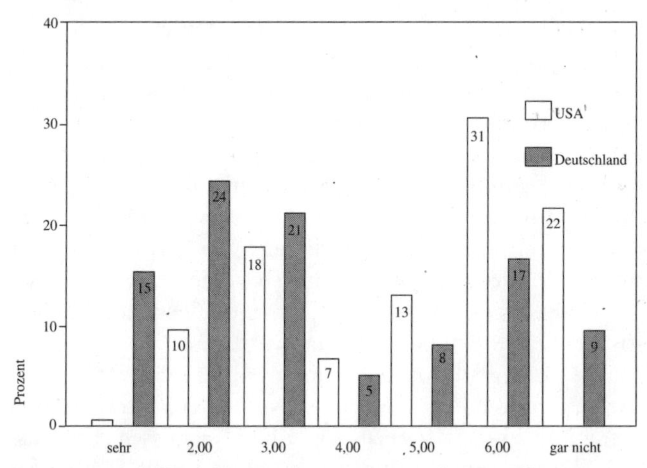

Einige Wissenschaftler nehmen extreme Positionen in der Klimadebatte ein, um die Aufmerksamkeit der Öffentlichkeit über die Klimadiskussion zu erregen. Stimmen Sie hierin überein?

Abb.15: Zustimmung und Ablehnung zu zwei Fragen an Klimaforscher in den USA und Deutschland. Eine 1 stellt maximale Zustimmung dar, eine 7 maximale Ablehnung und eine 4 eine indifferente Haltung.

Die Wissenschaft formuliert das Problem der Klimaveränderungen für Politik und Gesellschaft: Die Entdeckung der globalen Klimaveränderung, des Treibhauseffekts und des Temperaturanstiegs ist kein Alltagsproblem, das die Wissenschaft aufnimmt. Es sind die wissenschaftlichen Formulierungen des Problems, die Art und Ausmaß der politischen Folgen mitbestimmen. Den Wissenschaftlern ist dies bewußt (vgl. die erste Frage in Abb. 15). Sie spielen eine besondere Rolle bei der Ausformung und möglichen Veränderung des Alltagsverständnisses von Klima. Dabei verfolgen sie neben ihren wissenschaftlichen Interessen auch politische, ideologische und andere, von wissenschaftlichen Zielen abweichende Interessen. Dazu haben gerade zu drastischen Formulierungen neigende Wissenschaftler in bestimmten Medien ausreichend Gelegenheit.

4.5 Die Geschichte der anthropogenen Klimakatastrophen

Die Vorstellung anthropogener (auf den Menschen zurückgehender) Klimaveränderungen ist keineswegs neu. Die folgende Auflistung wahrgenommener oder erwarteter anthropogener Klimakatastrophen ist sicher unvollständig, sie enthält aber keineswegs nur Beispiele alltäglicher und häufig beobachteter Ängste im Zusammenhang mit bestimmten technischen Innovationen, sondern auch Verweise auf bevorstehende Klimakatastrophen und ihre Ursachen, die uns von der Wissenschaft vermittelt wurden. Vermutlich gibt es viel mehr Fälle als unsere Liste, die uns mehr durch Hörensagen denn durch systematisches Quellenstudium bekannt wurden.

- Ein häufiger Fall von angeblichen Klimakatastrophen betrifft die durch religiöse Führer verbreitete Interpretation von extremen Wetterlagen oder Klimaereignissen. Ereignisse dieser Art wurden und werden als göttliche Strafen für menschliches Fehlverhalten gedeutet. Ein Beispiel ist der unten näher diskutierte Fall der englischen Hungersnöte in den Jahren 1314–1317 (Abschnitt 4.6.c). Ein weiterer Fall von als anthropogen verstandenen Klimaveränderungen betrifft das schon erörterte Wirken der mittelalterlichen

Hexen. Neben dem direkten Wetterzauber, etwa durch einen die Ernte vernichtenden Hagelsturm, gab es noch die indirekte Wirkung, die darin bestand, daß Gott sich verärgert über die mangelnden Aktionen gegenüber Hexen zeigte und die nachlässige Gemeinde durch extreme Wetterereignisse bestrafte. Insofern begleitet die Vorstellung, unmoralisches Verhalten könne das Klima aus dem Gleichgewicht bringen, die Menschheit vermutlich seit ihrem Anbeginn.

- Der älteste uns bekannte, wissenschaftlich dokumentierte Fall betrifft die klimatischen Folgen der Urbarmachung der nordamerikanischen Kolonien im 17. und 18. Jahrhundert. Der Mediziner Hugh Williamson berichtete 1770 in den *Transactions of the American Philosophical Society* über klimatische Veränderungen in den damaligen englischen Kolonien. Er stellt fest, daß sich das Klima in Neuengland verbessert habe, und zwar aufgrund der veränderten Landnutzung; insbesondere seien die gefürchteten winterlichen Nordwest-Stürme weniger geworden. Dies ist einer der wenigen Fälle, wo dem menschlichen Tun eine Verbesserung des Klimas zugeschrieben wird.
- Ende des 18. und Anfang des 19. Jahrhunderts wurden in Deutschland und in der Schweiz Behauptungen kolportiert, wonach Veränderungen im Niederschlag durch Blitzableiter verursacht seien. Autoritäten sahen sich genötigt, diesen Behauptungen zu widersprechen und eindringlich vor gewaltsamen Aktionen zu warnen. So heißt es in der *Neuen Züricher Zeitung* vom 9. Juli 1816: „*Am 30. Juni ward ... von den Kanzeln verlesen: ‚Dem Oberamt ... ist ... der Auftrag erteilt worden, ... zu vernehmen zu geben, wie bedauerlich und unangenehm es der hohen Regierung gewesen ist, inne zu werden, daß nicht nur der irrige Wahn und das falsche Vorurtheil, als sey die zeitherige, der Landwirtschaft ungünstige und nachtheilige Witterung eine Folge der zum Schutze von Gebäuden gegen das Einschlagen des Blitzes errichteten Wetterableiter, sich in etlichen Amtskreisen des Kantons weit verbreitet hat, sondern daß sogar einige höchst unverständige oder bösgesinnte Menschen da-*

von Anlaß nahmen, die öffentliche Sicherheit und die Heiligkeit des Eigenthums durch angedrohte oder wirklich versuchte, gewaltsame Zerstörung der grundlos verdächtigten Wetterableiter zu gefährden ... Sollten sich aber Übelgesinnte und Ruhestörer finden, welche unter dem thörichten und ungereimten Vorgeben der Schädlichkeit der Blitzableiter sich an dem Eigenthum ihrer Mitbürger vergreifen, ihren Hausfrieden stören und die öffentliche Sicherheit gefährden würden, so sind ... dem Oberamt die genauesten Befehle von der hohen Regierung ertheilt worden, jeder Gewaltthat und jedem Frevler, zum abschreckenden Beyspiel für Andere, durch Anwendung des strengsten Richterernstes ahnden und bestrafen zu lassen.'"

- In der Einleitung zu seinem Buch *Klimaschwankungen seit 1700* gab Eduard Brückner einen Abriß der Diskussion über natürliche und anthropogene Klimaschwankungen im 19. Jahrhundert. Demnach wurde die veränderte Landnutzung, insbesondere die Ent- und Bewaldung, als wirksamer klimaändernder Faktor verstanden: „*Anfang der Siebziger-Jahre trat G. Wex ... an die Öffentlichkeit. ... Aus einem Sinken der Wasserstände schloss Wex auf eine continuierliche Minderung der Regenmenge in den Culturländern ... So leitet Wex aus seinen Resultaten als allgemeines Gesetz ab: in den Culturländern findet eine continuierliche Abnahme des Wassers in den Quellen, Flüssen und Strömen statt, verursacht in erster Reihe durch die zunehmende Entwaldung und die hierdurch bedingte Minderung des Regenfalls. ... Dieser Nachweis musste ernstliche Besorgnis hervorrufen. 1873 beschäftigte sich infolge dessen der in Wien tagende landwirthschaftliche und forstliche Congress eingehend mit der Frage und als das preußische Abgeordnetenhaus eine Commission beauftragt hatte, ein vorgeschlagenes Gesetz betreffend die Erhaltung und Begründung von Schutzwaldungen zu prüfen, da hob dieselbe gerade die stetige Abnahme des Wasserstands in den preußischen Strömen als eine der schlimmsten Folgen der Entwaldung hervor. Es ist sehr bemerkenswerth, dass um die gleiche*

Zeit oder doch nur wenige Jahre früher auch in Russland sich die gleichen Klagen vernehmen ließen und in Regierungskreisen die Waldfrage wieder erwogen wurde.“

- Die Atombombenversuche in den 1950er und 60er Jahren wurden immer wieder mit nachhaltigen klimatischen Folgen in Verbindung gebracht. In der *New York Times* vom 8. Juli 1962 schreibt George Kimble unter der Überschrift *„Das Wetter – viele menschliche Aktivitäten verändern es, aber meistens ist es keine Verbesserung“*: *„Wenn es etwas gibt, worüber sich die Farmer in meiner Gegend einig sind, dann, daß das Wetter nicht mehr ist wie es war. Es ist schlechter geworden. Sie werden dir sagen, die Sommer seien stürmischer, die Winter länger, die Frühlinge später. Und weitgehende Einigkeit besteht auch im Hinblick auf die Ursache für diese angeblichen Änderungen: ‚Die Bombe hat es getan.‘“* Diese Vorstellung wird auch in den von Kempton und Kollegen geführten, oben schon erwähnten Interviews mit amerikanischen Befragten wiederholt geäußert.
- Schon seit etwa 100 Jahren gibt es Vorschläge, große sibirische Flüsse wie den Ob nach Süden umzuleiten, um das Wasser in Zentralasien für die Intensivierung der Landwirtschaft zu nutzen und ein Austrocknen des Aralsees zu verhindern. Nach dem 25. Parteitag der Kommunistischen Partei der Sowjetunion im März 1976 wurde die Planung für ein derartiges Unterfangen ernsthaft begonnen. Neben ökologischen Einwänden, etwa im Hinblick auf Fischbestände, wurden Warnungen laut vor klimatischen Veränderungen. Befürchtet wurden Veränderungen der Meereisverteilung im Arktischen Ozean als Folge des verminderten Zuflusses aus den Flüssen. Die solchermaßen veränderten Meereisbedingungen würden dann ihrerseits das Klima auf der ganzen Nordhalbkugel beeinflussen. Daneben gab es aber auch optimistische Visionen, wonach weniger Frischwasser zu weniger Meereis und damit zu milderen Verhältnissen in Sibirien führen würde. Die Pläne wurden nicht realisiert, so daß sich nicht sagen läßt, inwieweit die damaligen Warnungen und Visionen berechtigt waren. Modellrechnungen deu-

ten aber an, daß die klimatischen Wirkungen der Flußmanipulationen wohl eher gering ausgefallen wären.

- Die fortschreitende Abholzung und Verbrennung des tropischen Regenwaldes wird auch heute gemeinhin als dezidierte Gefährdung des globalen Klimas verstanden, obwohl die klimatischen Auswirkungen wie schon die Umwandlung der Prärielandschaft vermutlich nur regionalen Charakter haben.
- Auch den Kondensstreifen hochfliegender Flugzeuge wird immer wieder eine schädliche Klimawirkung nachgesagt. Das deutsche Luft- und Raumfahrtzentrum DLR schätzt den zusätzlichen Treibhauseffekt des gegenwärtigen Luftverkehrs als deutlich kleiner ein als den anderer natürlicher und anthropogener Faktoren. Wissenschaftler wie der deutsche Meteorologe Ulrich Schumann weisen aber darauf hin, daß dies sich ändern könnte, da der „*Luftverkehr pro Masse verbrannten Treibstoffes das Klima stärker als andere Verkehrssysteme*" beeinflusse und „*der Treibstoffverbrauch des Luftverkehrs stärker wächst als die meisten anderen anthropogenen CO_2-Quellen*".
- Auf dem Höhepunkt des Kalten Krieges wurden Überlegungen angestellt, welche klimatischen Wirkungen ein nuklear geführter Krieg haben würde. Man erwartete allgemein weitverbreitete großflächige Brände als Folge großer Zerstörungen am Boden. Die Brände würden Rußpartikel in die Atmosphäre abgeben. Ein Teil dieser Rußpartikel würde in die Stratosphäre gelangen und dort ähnlich vulkanischen Aerosolen für viele Monate verbleiben und so effektiv die Sonnenstrahlung daran hindern, in Bodennähe zu gelangen (ähnlich dem „Jahr ohne Sommer" nach dem Tambora-Ausbruch). Natürlich wäre dies mit den schlimmsten Folgen für die irdische Biosphäre verbunden und das bisher bekannte Leben unmöglich.
- Eine regionale Variante des „nuklearen Winters" entstand im Zusammenhang mit dem Angriff Iraks auf Kuwait im Jahre 1991. Die Iraker drohten, im Falle eines amerikanischen Angriffs die Ölquellen Kuwaits in Brand zu stecken.

Daraufhin warnten Wissenschaftler, daß der Ruß bis in die Stratosphäre aufsteigen würde und dort das Sonnenlicht sogar auf globaler Skala abschatten könnte. Der für die Landwirtschaft in Indien unverzichtbare Sommermonsun könnte ausbleiben und so katastrophale Hungersnöte nach sich ziehen. Als die Iraker ihre Drohung wahr machten und die Ölquellen Kuwaits in Brand steckten, stieg der Ruß bis in einige tausend Meter Höhe, ohne allerdings in die Stratosphäre zu gelangen. In einem Umkreis von einigen hundert Kilometern gab es schwerste Umweltschäden, aber die gefürchtete Fernwirkung blieb aus.

- Eine relativ neue Art von Vorstellungen möglicher anthropogener Klimaveränderungen hat den Golfstrom zum Thema, genauer das „Umkippen des Golfstroms". Der längs der US-amerikanischen Ostküste nach Norden und dann ab Cape Hatteras nordöstlich quer über den Atlantik fließende warme Golfstrom transportiert Wärme nach Nordeuropa, so daß in unserer Region ein ungleich milderes Klima herrscht als in anderen Gegenden gleicher nördlicher Breite, z.B. Alaska. Mit einem Verschwinden des Golfstroms würde der Zustrom von Wärme unterbleiben, und in Nordeuropa würden kalte Zeiten, vielleicht sogar Eiszeiten, anbrechen. Dieses Szenario wird im Zusammenhang mit der globalen Erwärmung für denkbar gehalten, so daß im Verein mit der globalen Erwärmung regionale Abkühlungen möglich erscheinen. Experten halten eine solche Entwicklung für eher unwahrscheinlich, sofern die CO_2-Konzentrationen nicht um ein Vielfaches über den heutigen Wert anwachsen.
- Ein eigenwilliges Gedankenexperiment wurde im Sommer 1997 in den *Transactions of the American Geophysical Union* veröffentlicht. Es beruht auf der Bobachtung, daß im Mittelmeer enorme Mengen Wasser verdunstet werden, so daß das Mittelmeerwasser sehr salzig ist. Dieses salzige und dadurch schwerere Wasser verläßt das Mittelmeer am Boden durch die Straße von Gibraltar, während an der Oberfläche salzärmeres Atlantikwasser das Mittelmeer wieder

auffüllt. Der Artikel behauptet, daß dieser Zyklus derzeit beschleunigt werde, weil weniger Süßwasser aus den Flüssen in das Mittelmeer gelange – vor allem wegen des Assuan-Staudamms in Ägypten – und weil zusätzlich die Verdunstung verstärkt sei wegen des zusätzlichen Treibhauseffekts. Das verstärkt in den Atlantik eintretende salzreiche Wasser behindere den Golfstrom und erwärme schließlich die Labrador-See im Osten von Kanada, so daß vermehrt Feuchtigkeit nach Kanada transportiert werde. Diese Feuchtigkeit lagere sich in Kanada zunächst als Schnee ab, und ein neuer Eisschild entstehe in Kanada. Daher würden die Temperaturen in Europa sinken und das Westantarktische Eisschelf schmelzen mit den schon erwähnten Konsequenzen für den Meeresspiegel. Zur Prävention dieser Klimakatastrophe wird ein Damm quer zur Straße von Gibraltar vorgeschlagen, um das Einfluß-/Ausflußsystem des Mittelmeeres wirksam zu steuern. Unabhängige Rechnungen des deutschen Ozeanographen Stefan Rahmstorf mit realitätsnahen Modellen zeigen, daß der vorgeschlagene Mechanismus viel zu schwach ist, um die angegebene Wirkung erzielen zu können. Mit anderen Worten, die Hypothese war von Experten problemlos zu falsifizieren, dennoch konnte man ausführlich darüber in den Medien lesen und hören.

- In diese Liste der angekündigten Klimakatastrophen gehört natürlich auch die globale Erwärmung aufgrund anthropogener Emissionen von Treibhausgasen wie Kohlendioxid, Methan oder FCKWs. Wie erwähnt, wurde dieser Mechanismus erstmals von Arrhenius 1897 beschrieben. Schon lange vor der uns gegenwärtig beschäftigenden Diskussion gab es Überlegungen, daß aktuelle Erwärmungstrends durch den anthropogenen Treibhauseffekt verursacht seien. So machte 1933 der amerikanische Meteorologe Kincer im *Monthly Weather Review* auf ungewöhnliche Erwärmungstrends aufmerksam, und der britische Ingenieur Callendar mutmaßte 1938 im *Quarterly Journal of the Royal Meteorological Society*, daß die damaligen Trends mit einer erhöhten Kohlendioxidkonzentration zu tun hätten. Allerdings begannen die Temperaturen fast zeitgleich zu fallen, so daß in den siebziger Jahren der amerikanische Klimaforscher Stephen Schneider von der Gefahr einer bevorstehenden Eiszeit sprach. Auch der berühmte deutsche Klimatologe Hermann Flohn diskutierte schon 1941 die globale Klimawirkung von anthropogen erhöhten CO_2-Konzentrationen.

Das vieldiskutierte Problem „Ozonloch" ist kaum ein Klimaproblem im eigentlichen Sinne. Es handelt sich dabei um eine Veränderung in der Komposition der Stratosphäre, also der Atmosphäre oberhalb von 10 km, die die Filtereigenschaften der Atmosphäre beeinflußt. Im Falle eines Ozonlochs dringt mehr ultraviolette Strahlung an die Erdoberfläche und schädigt als Folge die Gesundheit des Menschen, der Tiere und möglicherweise auch der Pflanzen. Das Ozonloch wird als anthropogenes Phänomen klassifiziert, weil der Ozonabbau auf das Vordringen von ausschließlich künstlich produzierten Fluorchlorkohlenwasserstoffen (FCKWs) zurückgeführt wird.

4.6 Der Einfluß von Klimaveränderungen auf die Gesellschaft

Eine Bestimmung oder sogar Prognose der Auswirkungen des Klimawandels auf die natürlichen Lebensgrundlagen, der ökonomischen, politischen und sozialen Folgen sowie der möglichen Rückkopplung auf das Klima ist eine äußerst komplexe Problematik. In diesem Abschnitt wird das Problem wie folgt strukturiert. Zunächst werden die erwarteten unmittelbaren Folgen diskutiert, wie die Produktivität der Landwirtschaft, der Küstenschutz oder die Verbreitung von tropischen Krankheiten. Sodann wird die Frage erörtert, welche Optionen eine Gesellschaft für den Umgang mit derartigen Veränderungen hat und wie eine rationale Klimapolitik aussehen könnte. Dies kann im Rahmen eines Modells der „Globalen Umwelt und Gesellschaft" (GUG) geschehen. Diesem rationalen GUG-Ansatz wird dann ein Gegenmodell gegenübergestellt – das Modell der „perzipierten Umwelt und Gesellschaft" (PUG) geht nicht mehr von einer rationalen, informierten Gesellschaft aus, sondern von einer Gesellschaft, die auf der Basis sozialer Konstrukte von Klimaänderungen einschließlich vieler Unsicherheiten und deren Wirkungen zu Entscheidungen kommt. Während das GUG-Modell mathematisch realisierbar ist, ist dies mit PUG nicht möglich.

a) Klimafolgen

Auch in diesem Zusammenhang stellt sich wieder die wichtige Frage des Zeitpunktes und des Ortes der erwarteten Klimaveränderung. Eine oft angebotene charakteristische Größe zur Beschreibung der anthropogenen Klimaänderungen ist die global gemittelte Lufttemperatur. Diese Größe ist geeignet, als globaler Indikator für die Intensität der Klimaänderungen zu fungieren, aber sie ist praktisch belanglos, wenn es um die Abschätzung der lokalen Auswirkungen geht. Aber nur diese *lokalen* Auswirkungen sind von Bedeutung sowohl für die Gesellschaft als auch für Ökosysteme. In einigen Gebieten wird die Temperatur schneller ansteigen als in anderen; in Einzelfällen mag es sogar zu Abkühlungen kommen. Insgesamt erwartet man eine Intensivierung des Wasserkreislaufs von Verdunstung und Niederschlag, so daß es global gesehen mehr Niederschlag geben könnte. Die Niederschlagsverteilungen können sich verschieben, so daß einige Gebiete zukünftig feuchter werden und andere trockener. Eine andere, oft genannte Größe ist der Meeresspiegel, dessen Ansteigen wegen der erwärmungsbedingten Ausdehnung des Meerwassers erwartet wird. Andere Einflußgrößen sind das Abschmelzen von Gletschern bzw. der verminderte oder vermehrte Niederschlag auf die Eiskappen. Regional wird der Wasserstand auch noch von den Windverhältnissen und den Strömungen im Ozean beeinflußt. In den Medien wurde – gerade auch von Versicherungen – oft erwähnt, daß mit deutlich vermehrten oder stärkeren Stürmen in den mittleren Breiten und in den Tropen zu rechnen sei. Diese Behauptung wurde von wissenschaftlicher Seite nicht bestätigt.

Die Aussagen über die globalen Veränderungen beruhen auf Rechnungen mit realitätsnahen Klimamodellen, die Abschätzungen für Gebiete mit mindestens *vielen* 100 Kilometern Durchmesser machen können. In der Klimafolgenforschung werden aber zumeist lokale Aussagen benötigt, also für Gebiete mit Durchmessern von *wenigen* 100 Kilometern und unter Berücksichtigung von zum Beispiel politisch relevanten Grenzen. Solche Aussagen können die gegenwärtigen Klimamodelle nicht machen, obwohl die Resultate der Modelle oft in Form von Landkarten präsentiert werden, die es dem Laien nahelegen, auch lokale Details abzulesen. Allerdings lassen sich lokale Aussagen ableiten mit Hilfe von „Downscaling"-Methoden, die die Tatsache verwenden, daß das lokale Klima generiert wird als Folge eines Wechselspiels von großskaligem Klima und lokalen Gegebenheiten.

Auch die zeitliche Zuordnung ist problematisch, da es sich bei den mit Klimamodellen erzeugten Szenarien ja nicht um Vorhersagen im Sinne einer Wettervorhersage handelt. Die Modellaussagen sind vielmehr von der Art: Falls die Emissionen von Treibhausgasen sich entwickeln, wie von den Ökonomen des IPCC angenommen wird, so wird sich in Zukunft vermutlich ein stetiger Temperaturanstieg einstellen, dem allerdings in ihren Details unbekannte natürliche Klimaschwankungen überlagert sind. Niemand kann sagen, ob der Sommer 2013 wärmer sein wird, als nach dem allgemeinen Trend zu erwarten wäre.

Die Durchsicht der in den Medien und in der wissenschaftlichen Literatur erwähnten unmittelbaren und mittelbaren Folgen des Klimawandels deutet an, daß die für möglich erachteten Folgen des Klimawandels, wie schon im Falle des Klimadeterminismus, allgegenwärtig erscheinen.

Von einem Temperaturanstieg wird allgemein erwartet, daß die Grundlagen der Landwirtschaft entscheidend tangiert werden. Das IPCC erwartet in seinem Bericht aus dem Jahre 1995 keine Veränderung der globalen landwirtschaftlichen Produktion. Je nach regionalen Bedingungen erwartet man Veränderungen der Menge und der Qualität der Ernteerträge. Eine kürzere Frostperiode kann zu einem erhöhten Parasitenbefall von Fauna und Flora führen. In einigen Gebieten wird es zu verschlechterten landwirtschaftlichen Verhältnissen kommen, während sich die Situation in anderen verbessern kann oder Landwirtschaft sogar erstmalig ermöglicht wird. Die heutigen Grenzen der Lebensräume von Fauna und Flora werden sich als Konsequenz des globalen Temperaturanstiegs in Richtung Polargebiete verschieben. Inwieweit sich die Ökosysteme in bestimmten Regionen an veränderte Klimabedingungen anpassen können, hängt auch von der Intensität und der Geschwindigkeit des Klimawandels ab. Veränderte Niederschlagsmengen können die Wasserversorgung beeinflussen und teilweise gefährden. Vom erhöhten atmosphärischen CO_2-Angebot erwartet man einen Düngeeffekt für viele Pflanzen mit dem positiven Effekt erhöhter landwirtschaftlicher Produktion. Inwieweit zukünftige technische Innovationen, auch im Zusammenhang mit der Züchtung neuer Arten, neue Anpassungsstrategien ermöglichen werden, ist unklar. Da die Menschen auch in anderer Hinsicht auf einen Klimawandel nicht passiv reagieren werden, werden sicher im Zuge des sich deutlicher ausprägenden Klimawandels Lernprozesse in Gang gesetzt, die die Folgen erheblich moderieren.

Generell wird von einem Anstieg des Meeresspiegels als Folge des Treibhauseffekts ausgegangen. Verschiedene Studien sagen bei einem mittleren Temperaturanstieg von 3,5 °C einen Anstieg des Meeresspiegels bis zum Jahr 2100 um bis zu einem halben bis einem Meter voraus mit einem weiteren Anstieg in den Jahren nach 2100. Projektionen, die auf diesen Zahlen beruhen und heutige Schutzmaßnahmen gegen Hochwasser zugrunde legen, gehen davon aus, daß die Niederlande dadurch etwa 5 % ihrer heutigen Landfläche, Bangladesch 20 % und die Marshall-Inseln im Pazifik fast 80 % verlieren. Damit verbunden wäre eine Gefährdung der natürlichen Existenzgrundlagen der Küstenbevölkerungen der Welt sowie Veränderungen in der Energiewirtschaft, im Tourismus, im Transportwesen und in der Besiedlungsstruktur. In den Industrieländern sollte diese Bedrohung allerdings gering sein, da

Staaten wie die Niederlande seit Jahrhunderten erfolgreich mit steigendem Wasserstand als Folge sinkenden Landes (also steigendem Meeresspiegel) fertigwerden. Manchmal wird auch auf die Gefährdung von Hafenanlagen, Offshore-Anlagen und dergleichen hingewiesen. Allerdings beträgt die typische Lebenszeit derartiger Anlagen allenfalls wenige Jahrzehnte, so daß eine Anpassung an veränderte Wasserstände im Zuge der ohnehin erfolgenden Erneuerungen möglich sein sollte.

Die antizipierten Klimaveränderungen sollen gleichzeitig eine Vielzahl von direkten und indirekten Gesundheitsfolgen haben. Eine Studie der Weltgesundheitsorganisation (WHO) aus dem Jahre 1996 warnt vor einem signifikanten Anstieg von Krankheiten und Seuchen als Folge des globalen Klimawandels. Das zu erwartende ungewöhnliche Wetter, so folgert die WHO, begünstige die Vermehrung von Bakterien, Viren und Seuchenträgern wie Insekten und Ratten. Erhebliche Veränderungen des Niederschlags – erhöhte Niederschlagsmengen in trockeneren Zonen sowie Dürren in feuchten Gebieten – würden zu einer Ausbreitung von Cholera, Gelbfieber und Meningitis führen. Die Malaria könnte drastisch zunehmen, da eine Erderwärmung um 2,2 °C die Verbreitungsgebiete der Anopheles-Mücke von heute 42 % auf 60 % der Erdoberfläche ausweiten würde. Zu den direkten Auswirkungen gehörten, so wird argumentiert, auch der Anstieg von Krankheiten und Todesfällen durch die Zunahme extremer Wetterlagen, etwa intensiver Hitzewellen. Eine 1996 veröffentlichte Studie des „World Watch Institute“ wiederum erwartet eine durch Umweltveränderungen beschleunigte Entstehung und Verbreitung von Epidemien.

Solche Auswirkungen der Veränderungen der natürlichen Umwelt und der klimatischen Lebensgrundlagen des Menschen lassen sich allerdings nur sehr schwer und nur mit größter Unsicherheit angeben. Noch schwieriger ist die Bestimmung der gesellschaftlichen, kulturellen und politischen Folgen. Es geht ja nicht nur um die Benennung der zukünftigen Gefahren, sondern auch um die gesellschaftlichen Reaktionen auf die Voraussagen solcher Gefahren – unabhängig von deren Richtigkeit. Heute, da wir den anthropogenen Klimawandel im Alltag ja nicht erleben, sondern den komplexen Analysen der Klimaforscher vertrauen müssen, beruht die gesellschaftliche und politische Reaktion ausschließlich auf diesen Voraussagen und deren Interpretationen; auf jeden Fall aber nicht auf schon eingetretenen, für jedermann ersichtlichen Tatsachen. Klimapolitik ist nicht Reaktion auf Klimawandel, sondern Reaktion auf die Erwartung eines Klimawandels.

Die Prognose der Auswirkungen eines Klimawandels sowie die Antwort und Auswirkungen einer Klimapolitik auf unser Wirtschaftssystem sind demnach äußerst schwierig. Man kann gegebene gesellschaftliche Wertsysteme, Techniken, Strukturen und Prozesse nicht einfach in die Zukunft projizieren. Dies gilt gerade in modernen Gesellschaften, die nicht nur durch ein rapides, wachsendes Tempo des sozialen Wandels gekennzeichnet sind, sondern auch durch die wachsende Unfähigkeit großer Institutionen, also etwa Staat oder Wissenschaft, geeignete, gesellschaftlich akzeptable Lösungen für viele anstehende Probleme zu finden und durchzusetzen. Moderne Gesellschaften sind Wissensgesellschaften und darüber hinaus soziale Gebilde, in denen der Einfluß kleiner gesellschaftlicher Gruppen relativ gesehen wächst. Mit dem Anwachsen des Einflusses solcher diverser Gruppen und gesellschaftlicher Bewegungen wird es schwieriger, gesamtgesellschaftliche Veränderungen – also auch eine international abgestimmte Klimapolitik – planend durchzusetzen. Insofern ist zu befürchten, daß die Klimapolitik weniger konsistent und zuverlässig sein wird als das Klima selbst.

b) Klimapolitik: Der technokratische Ansatz

Zu den unmittelbaren gesellschaftlichen Folgen von Klimaveränderungen gehören vor allem die Notwendigkeit und Ausgestaltung einer Klimapolitik. Bei der Entwicklungs- und Umweltkonferenz der Vereinten Nationen im Sommer 1992 in Rio de Janeiro waren die Staats- und Regierungschefs von der Notwendigkeit überzeugt, Maßnahmen zum Schutz des Klimas einzuleiten. Diese Übereinkunft signalisierte den Beginn einer globalen Klimapolitik. Allerdings hat man sich in den folgenden Jahren schwergetan, konkrete Schritte etwa durch eine spezifische Begrenzung der Treibhausemissionen zu verabreden. Die Interessengegensätze, auf die klimapolitische Maßnahmen stoßen, sind weiter sehr groß. So haben die Staaten, deren Wirtschaft in erster Linie auf der Öl- oder Kohleförderung basiert, kein dringendes Interesse, die Emissionen zu vermindern. Gesellschaften, deren Wirtschaftsleistung vergleichsweise gering ist, erwarten andererseits Vorleistungen der wohlhabenden Nationen.

Der übliche, von uns hier verkürzt als „technokratisch" bezeichnete Ansatz kann in der Form von Hasselmanns Modell der „Globalen Umwelt und Gesellschaft" (GUG; siehe Abbildung 16) zusammengefaßt werden. Dabei geht man davon aus, daß menschliches Wirtschaften (Kasten: „Ökonomie, Gesellschaft") Werte und gleichzeitig Umweltbelastungen schafft. Diese Umweltbelastungen können die Emission von Treibhausgasen sein, aber auch Brandrodungen von tropischem Regenwald. Die Umweltbelastungen wirken auf den Kasten „Umwelt" und bewirken dort Veränderungen, wie ein vergrößertes Verbreitungsgebiet der Anopheles-Mücke oder eine Erhöhung des Meeresspiegels. Diese Umweltveränderungen wirken auf den Kasten „Ökonomie, Gesellschaft" zurück und machen dort Gegenmaßnahmen erforderlich, wie verstärkte medizinische Anstrengungen oder die Ausweitung von Küstenschutzmaßnahmen. Diese Gegenmaßnahmen nehmen Ressourcen in Anspruch, die andernfalls für die Produktion von Gebrauchswerten und Dienstleistungen eingesetzt werden könnten. Die Wirkung der Umweltschäden hat also eine Verminderung der wirtschaftlichen Leistung zur Folge.

Nun gibt es aber die Möglichkeit der (Gegen-)Steuerung durch die Politik. Es können Umweltsteuern erhoben werden, Verbote und Gebote ausgesprochen werden und dergleichen. Jede derartige Maßnahme bindet wiederum Ressourcen, vermindert aber auch die Umweltschäden. Die beste Politik ist

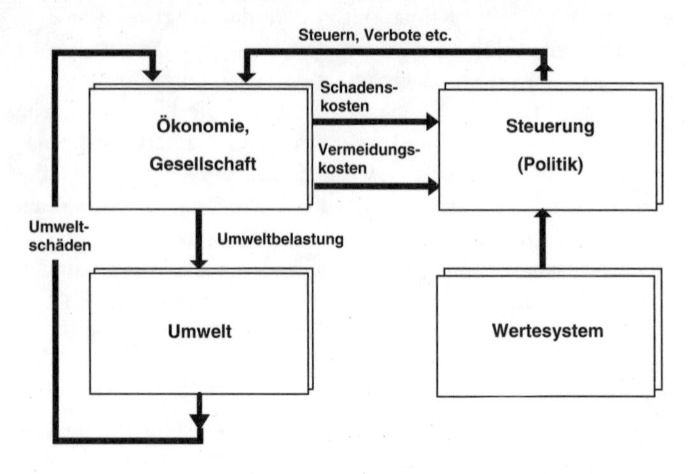

Abb. 16: Das GUG-Modell von Klaus Hasselmann

also jene, die eine maximale wirtschaftliche Leistung ermöglicht. Diese Leistung ist gegeben als die Differenz der Produktion von Werten ohne Einschränkung und der Aufwendungen zur Anpassung an Umweltschäden und zur Vermeidung von Umweltschäden („Anpassungs-" und „Vermeidungskosten"). Es handelt sich also um ein Steuerungs- oder Optimierungsproblem unter der Annahme, daß ein Weltkonsens über die Höhe der globalen Emissionen möglich ist.

Das GUG-Modell kann mathematisch gefaßt werden: Zur Beschreibung der Klimakomponente werden aus mit regulären komplexen Klimamodellen erzeugten Klimaänderungsszenarien stark vereinfachte Modelle abgeleitet. Für die Beschreibung der Anpassungs- und Vermeidungskosten werden einfache Annahmen über das Funktionieren der Volkswirtschaft gemacht. Eines der GUG-Modelle erlangte politische Bedeutung, als die Ergebnisse vom Weißen Haus in Washington verwendet wurden. Dieses Modell deutete an, daß eine geringe Verminderung der CO_2-Emissionen „optimal" sei.

Der GUG-Ansatz geht von der Fiktion eines internationalen Konsensus oder einer Weltregierung aus, die vollständige Kenntnis über die jetzt und zukünftig ablaufenden Prozesse und ihre Sensitivität gegenüber politischen Maßnahmen hat, auf dieser Basis rationale Entscheidungen fällt und sie auch durchsetzen kann.

Die Annahme der „Weltregierung" kann in diesen Modellen abgeschwächt werden. Statt dessen kann man von mehreren Vertragspartnern ausgehen, die alle ihren eigenen Vorteil zu maximieren suchen. Um diese Verfeinerung des Modells durchführen zu können, bedient man sich der mathematischen Spieltheorie. Daß dieser Schritt qualitativ neue Fragen aufwirft, zeigt das sogenannte „Free-Rider"-Problem: Nehmen wir an, daß 100 Staaten sich auf ein Protokoll zur Verminderung der Emissionen geeinigt haben. Alle Staaten haben teil an den Emissionen, und alle leiden unter den Folgeschäden. Durch das Protokoll übernehmen alle Staaten Aufwendungen zur Reduktion der Emissionen, haben aber auch Vorteile. Wenn nun einer der 100 Staaten sich entschließen sollte, dem Protokoll *nicht* beizutreten (und damit zum „Free Rider" wird), so würde dies die gesamte Emissionsreduktion nur geringfügig beeinträchtigen; alle Staaten, einschließlich des Landes, das sich außerhalb der Vereinbarung stellt, würden fortgesetzt von den Vorteilen des Protokolls profitieren. In unserem Beispiel müssen für diesen Vorteil aber nur 99 der 100 Staaten auch die Kosten tragen. Der hundertste Staat hat keine direkten Kosten, sondern nur Vorteile; er könnte vielleicht noch weitere Gewinne erzielen, indem er seine Emissionen erhöht. Dieses Argument gilt für jeden der beteiligten Staaten. Ist es deshalb überhaupt sinnvoll für den einzelnen Staat, dem Protokoll beizutreten? Auf jeden Fall gibt es gute Gründe, es *nicht* zu tun.

Auch die Forderung der „vollständigen Kenntnis" aller relevanten Informationen kann in dem Modell abgeschwächt werden. Man kann bestimmte statistische Unsicherheiten für eine Reihe von Faktoren im GUG-Modell postulieren, etwa im Hinblick auf künftige Kosten oder das Vorhandensein natürlicher, langsamer Klimaschwankungen. Das mathematische Problem wird dann zu einem stochastischen Steuerungsproblem. Bei der statistischen Darstellung der Ungenauigkeiten müssen gewisse Annahmen gemacht werden, wie die, daß im Durchschnittsfall die richtige Information oder Sensitivität vorliegt. Eine solche Annahme ist mit gesellschaftlichen Prozessen nicht konsistent: Man denke an die mögliche Hinwendung zu fundamentalistisch religiösen Strömungen, die mit der biblischen Aufforderung „Macht Euch die Erde untertan, und mehret Euch“ ernst machen. Eine solche Entwicklung würde eine dramatische Redefinition der „Kostenfunktionen“ erforderlich machen, die kaum als statistische Schwankung dargestellt werden kann.

Ein anderes Problem des GUG-Modells ist, daß idealerweise realitätsnahe Klimamodelle mit ebenso realitätsnahen Wirtschaftsmodellen verbunden werden müßten. Dabei gibt es aber eine Reihe von Hinderungsgründen. Zunächst ist es praktisch unmöglich, die Optimierungsaufgaben mit komplexen Einzelmodulen zu lösen. Des weiteren ist es problematisch, wie schon diskutiert, lokale Aussagen aus realitätsnahen Klimamodellen abzuleiten; aber lokale Aussagen werden gebraucht, weil Klimaschäden räumlich lokal auftreten. Schließlich sind realitätsnahe Wirtschaftsmodelle, anders als Klimamodelle, wegen ihrer empirischen Anbindung an derzeitige Strukturen und Prozesse nur für einen relativ kurzen Zeithorizont von bestenfalls einigen wenigen Jahrzehnten gültig. Da die Zeiträume der Klimaänderung aber viele Jahrzehnte bis zu Jahrhunderten lang sind, können realitätsnahe Wirtschaftsmodelle nicht sinnvoll eingesetzt werden. Daher werden die beteiligten Modelle hochgradig vereinfacht („aggregiert“), so daß Details wie das Spektrum nationaler Wirtschaftszweige und ihre Verflechtung nicht mehr dargestellt werden können. Damit wird das GUG-Modell zuallererst zu einem Demonstrationsmodell, um die grundsätzlichen Strukturen zu erklären, aber es scheitert in der konkreten Spezifikation von Erfordernissen und Lösungen.

c) Klimapolitik: Die Rolle der Wahrnehmung

Neben den im vorigen Abschnitt vorgebrachten methodischen Einwänden gegen das GUG-Modell gibt es noch eine Reihe grundsätzlicher Probleme. Das wichtigste ist, daß das GUG-Modell gesellschaftliche Tatbestände ausschließlich in ökonomischen Sinnzusammenhängen darstellt und den dort herrschenden Wertvorstellungen unterwirft.

Ein weiterer Mangel des technokratischen Ansatzes besteht in der Annahme, daß unsere Gesellschaft und ihr Wertesystem auf „Informationen" über das relevante, sich stetig entwikkelnde „Klimaänderungssignal" reagiert und dies korrekt unterscheidet vom „Rauschen" der dauernden, natürlichen Klimaschwankungen und Extremereignisse. Dies ist wohl eher unwahrscheinlich. Ein untrügliches Kennzeichen dieser Schwierigkeiten im Umgang mit Klimaereignissen ist, daß heute alle ungewöhnlichen Wetterlagen in der Öffentlichkeit als Beleg für den globalen Klimawandel mißbraucht werden: Die Rückkehr der „Eiswinter" nach Deutschland im Winter 1996/97, der meterhohe Schneefall im Dezember 1996, der den Alltag in den kanadischen Städten Victoria und Vancouver zum Erliegen brachte, oder die Überschwemmungen und Stürme in den amerikanischen Bundesstaaten Kalifornien und Washington im Januar 1997 wurden in den Medien und von einzelnen Wissenschaftlern als eindrucksvolle Bestätigung der globalen Klimaveränderung kommentiert und interpretiert. So heißt es etwa im *Boston Globe* vom 4. Oktober 1997: *„Der Rekordschneesturm der letzten Woche ist eine weitere Erinnerung daran, daß wir in den letzten Jahren das variabelste und extremste jemals beobachtete Wetter erleben. Dies gilt auch für andere Teile des Lands und der Welt, wie die Abfolge der Stürme und Schneeschmelzen im Pazifischen Nordwesten im Januar und die rekordhohen Überflutungen längs des Ohio-River im letzten Monat belegen. Diese Instabilität kann man als frühen Beweis für die Erwärmung der Atmosphäre und der Ozeane aufgrund des Verbrauchs fossiler Brennstoffe in den letzten 100 Jahren ansehen."* Im Winter 1996/97 gab es im sturmgewöhnten Norddeutschland praktisch keine Stürme; statt dessen war das Winterwetter ungewöhnlich gleichmäßig. Der Mangel an winterlichem Regen führte zu Trockenheit im Frühling mit erhöhter Feuergefahr in Feld und Flur – in diesem Fall kam kein Journalist auf die Idee, die Klimaforscher zu fragen, ob das Ausbleiben von Stürmen vielleicht Ausdruck der kommenden Klimakatastrophe sein könnte. Daß das Wetter verrücktspielt, ist normal. Ob abnormale Wetterlagen in ihrer Häufigkeit oder Intensität außerhalb des Normalen liegen, ist kaum zu bestimmen, weil die natürliche Variabilität enorm hoch ist.

Auch ist es illusorisch anzunehmen, daß man mit Hilfe dramatisch vereinfachender Modelle gesellschaftlichen Handelns praktische Erkenntnisse gewinnen könnte, die es ermöglichen, die Klimapolitik in einfache Schemata des regionalen, nationalen oder internationalen Umgangs mit veränderten Lebensbedingungen einzupassen. Die Lernfähigkeit der Systeme, die Trägheit der Institutionen, Sonderinteressen einer Vielzahl von Akteuren (z.B. sozialen Bewegungen, Parteien, internationalen Organisationen, Wirtschaftsunternehmen), moralische und politische Konflikte, der wachsende Machtverlust großer gesellschaftlicher Institutionen, nicht antizipierte Folgen der Eigendynamik von gesellschaftlichen, politischen und ökonomischen Entwicklungen lassen es kaum erwarten, daß Modelle dieser Art zu praktisch verwertbaren, funktionierenden Handlungsanweisungen führen könnten.

Das GUG-Modell könnte durch das Modell der „perzipierten Umwelt und Gesellschaft" (PUG) ersetzen werden, das in Abbildung 17 skizziert ist. Es unterscheidet sich vom GUG-Modell nur durch zwei weitere Kästen: die „Experten", die der Öffentlichkeit die Klimaschwankungen berichten und erklären, sowie die „gesellschaftliche Interpretation" selbst, die die Erklärungen der Experten den kulturell vorgegebenen, kognitiven Modellen der Gesellschaft anpaßt.

Im Sinne des PUG-Modells scheinen folgende Situationen – vereinfacht formuliert – wahrscheinlicher zu sein:

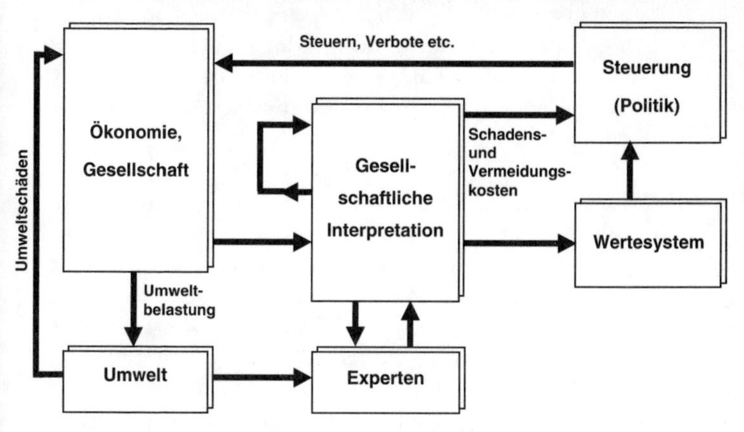

Abb.17: Das PUG-Modell von Hans von Storch und Nico Stehr.

1. Falls eine langsame anthropogene oder natürliche Klimaänderung vorliegt und
   (A) die Öffentlichkeit durch vertrauenswürdige Instanzen vorbereitet ist: Dann wird das eigentliche, sich langsam entwickelnde Klimaänderungssignal (trotzdem) nicht oder kaum wahrgenommen, aber die Öffentlichkeit läßt sich durch vom Signal unabhängige, aber konsistente Extremereignissen von der Existenz des Signals überzeugen. Eine aktive Anpassungs- oder Vermeidungspolitik ist denkbar; ob diese dann problemangemessen ist, sei dahingestellt.
   (B) die Öffentlichkeit keine Klimaänderung erwartet: Dann erfolgt eine passive Anpassung an die Veränderung ohne bewußte Kenntnisnahme. Die natürlich ablaufenden, anomalen und extremen Episoden werden korrekt als natürliche Ereignisse aufgefaßt.
2. Falls keine langsame Klimaänderung stattfindet und
   (A) die Gesellschaft aber doch eine Klimaänderung erwartet: Dann wird, sobald ein mit der Erwartung konsistentes, natürliches Ereignis eintritt, dies als Beweis für

die Existenz eines Signals akzeptiert und entsprechend den historisch geltenden Normen gehandelt.

(B) die Gesellschaft auch keine Klimaänderung erwartet: Dann wird unabhängig vom Auftreten von Klimaextremen nach dem Prinzip des „business as usual“ verfahren.

Historisch betrachtet ist die Variante 2 B zweifellos der häufigste Fall.

Ein Beispiel für den Fall: „keine Veränderung, aber eine bestehende Erwartung“ (2 A) ist die englische Gesellschaft in den Jahren 1314–17. In diesen Jahren fielen die Ernten besonders gering aus, im wesentlichen aufgrund von andauernden Regenfällen während der Sommermonate. Im Gefolge dieser klimatischen Anomalie entwickelte sich eine Hungersnot, die für dramatische Sterberaten und gesellschaftliche Spannungen und Belastungen sorgten. Die in der damaligen Zeit besonders vertrauenswürdige und einflußreiche Kirche hatte in den Jahren zuvor die Bevölkerung von der Kanzel immer wieder vor Gottes Zorn gewarnt und die Menschen zu gottesfürchtigem Verhalten aufgefordert. Das schlechte Wetter, das die Ernten ruinierte, wurde von den damaligen „Experten“ als Strafe Gottes dargestellt. Um weitere Strafen abzuwenden, setzte die Kirche eine Art „Klimapolitik“ durch. Der Erzbischof von Canterbury bestand darauf, daß im ganzen Land Abbittegottesdienste und Prozessionen abgehalten, Opfer gebracht, Almosen gespendet wurden, gefastet und intensiv gebetet wurde. Das Resultat konnte durchaus als Erfolg gelten, denn weitere verregnete Sommer blieben aus, und die Ernten normalisierten sich wieder.

Ein Beispiel für den Fall 1 B, also eine „Veränderung ohne vorausgehende Erwartung“, stellen die 1920/30er Jahre dar, in denen sich die globale Mitteltemperatur innerhalb weniger Jahrzehnte um etwa 0.5 °C erhöhte. Die Veränderung wurde 1933 wissenschaftlich beschrieben und 1938 in Verbindung mit dem anthropogenen Treibhauseffekt gebracht. Sie fand aber keinen Widerhall in der öffentlichen Diskussion – sicher deshalb, weil die politischen Neuordnungen nach dem Ende des Ersten Weltkriegs, die Weltwirtschaftskrise und das Aufkommen totalitärer Systeme der Öffentlichkeit sehr viel wichtiger erschienen.

Es bleibt die Frage, ob es sich bei dem Fall der gegenwärtig vorausgesagten globalen Klimaerwärmung durch Treibhausgase um ein Beispiel der Kategorie 1 A oder 2 A handelt. Nach Diskussionen in wissenschaftlichen Zirkeln in den 70er Jahren wurde im Jahrzehnt danach das Problem zum wichtigsten Thema innerhalb der Klima- und Umweltforschung. Extreme Wetterereignisse, das wachsende Umweltbewußtsein und vielfältige öffentliche Warnungen von Wissenschaftlern ließen die Medien und die Öffentlichkeit zunehmend Interesse an dieser Problematik finden. Parallel dazu wuchsen die Furcht und die Besorgnis über die Folgen einer Klimaveränderung. Zu diesen extremen Ereignissen gehörten etwa:

- Die Dürre in den USA im Sommer 1988 wurde laut Berichten in amerikanischen Medien bei einem Hearing des amerikanischen Senats durch den amerikanischen Klimaforscher Jim Hansen „mit 99%iger Sicherheit“ dem zusätzlichen Treibhauseffekt zugeordnet. Hansen selbst bestreitet diese Aussage, deren Unhaltbarkeit durch die Tatsache deutlich wird, daß es nach 1988 keine weiteren derartigen Dürren gab. Eine alternative Erklärung führte die Dürre in Nordamerika denn auch auf eine besondere Konstellation der Oberflächentemperatur des Pazifik zurück.
- In Nordeuropa erwies sich eine Serie von Stürmen im Winter/Frühjahr der Jahre 1991 und 1993 als besonders wirksam für die öffentliche Debatte zur Realität von „Global Warming“. Renommierte Wissenschaftler erklärten, daß die Häufigkeit oder Intensität von Stürmen, zum Beispiel in der Nordsee, systematisch zugenommen habe, und zwar vermutlich aufgrund des gewachsenen Treibhauseffektes. Die Behauptung wurde später falsifiziert.

Aus dem bisher Gesagten dürfen wir folgern, daß die Gesellschaft das Klima selbst nicht unmittelbar wahrnimmt, sondern die warnenden Beobachtungen der Experten und deren Aussagen, insbesondere zu extremen Wetterereignissen. Die moderne Gesellschaft nimmt das Klima im wesentlichen durch einen gesellschaftlich bestimmten Filter wahr. Dieses gefilterte Abbild des tatsächlichen Klimasystems bezeichnen wir als das „soziale Konstrukt des Klimas". Die Interpretation von Informationen über das Klima ist weitgehend bestimmt vom Urteil der Experten, von denen diese Informationen stammen. Die Vertrauenswürdigkeit der Experten (in unseren Beispielen aus Wissenschaft oder Kirche), die Abwesenheit anderer schwerwiegenderer Probleme sowie die Art und Weise, mit der diese Fragen in den Medien verschiedener Länder behandelt oder auch nicht behandelt werden, haben generell einen größeren Einfluß auf das allgemeine Klimaverständnis als tatsächliche Klimaereignisse. In anderen Ländern gibt es andere, als wichtiger angesehene Probleme. In China etwa ist man mehr an der Versorgung der Haushalte mit Kühlschränken interessiert als an der Klimawirksamkeit der Kühlmittel; in Bangladesch hat die Befriedigung der Grundbedürfnisse der Bevölkerung (so der Schutz vor Gefahren, die von den gewöhnlichen Wetterextremen ausgehen) eine höhere Priorität als ein möglicher Anstieg des Meeresspiegels.

Aufgabe der Klimaforschung und Klimafolgenforschung kann daher nicht nur die Erforschung der natürlichen Klimaschwankungen und anthropogenen Klimaveränderungen sein, sondern in einem multidisziplinären Ansatz muß gleichzeitig die komplexe Problematik der Wahrnehmung und Nichtwahrnehmung des Klimas und seiner Veränderungen untersucht werden.

5. Zusammenfassung

1) In diesem Buch soll deutlich werden, daß der Forschungsgegenstand „Klima“ nicht allein Domäne der Naturwissenschaften ist. Dies gilt um so mehr, wenn es um die Beratung der Öffentlichkeit und der Politik geht, wie auf Konzeptionen und Warnungen der naturwissenschaftlichen Klimaforschung zu reagieren sei.
2) Die naturwissenschaftliche Klimaforschung agiert, wie die meisten Naturwissenschaften, geschichtslos. An Arrhenius erinnert man sich, an Callendar erinnern sich die wenigsten, und Brückner ist vergessen. Im Eifer des Gefechts und in der Begeisterung über das Neue werden nur wenige Jahrzehnte zurückliegende Arbeiten schnell vergessen. Insbesondere werden Fehler verdrängt – mit der Gefahr, daß sie mit dem gleichen Enthusiasmus wie in der Vergangenheit wiederholt werden.
3) Die sozialwissenschaftliche Forschung hat die Folgen der Umwelt für die Gesellschaft weitgehend ausgeblendet. Nach den peinlichen Erfahrungen mit dem klimatischen und biologischen Determinismus vergangener Jahrzehnte ist dies verständlich. Die Konsequenz ist allerdings, daß es eine sozialwissenschaftliche Klimaforschung nicht gibt und daß das Feld den Naturwissenschaften zur eigenen Gestaltung überlassen wird.
4) Die Überzeugung, daß das Klima zu einem der herausragenden Bestimmungsgründe menschlicher Besonderheiten und menschlichen Verhaltens gehört, war über Jahrhunderte ein fast unantastbares Dogma. Die Doktrin von der klimatischen Bestimmtheit des Menschen war fester Bestandteil wissenschaftlicher und populärer Erklärungsmodelle. Heute sind wir auf sehr viel sichererem Boden, wenn wir behaupten, daß das Klima Rahmenbedingungen stellt.
5) Gleichzeitig hat menschliches Verhalten seinerseits Einfluß auf die Art der klimatischen Rahmenbedingungen. In historischen Zeiten war dieser Einfluß regionaler Art, etwa

durch die großflächigen Veränderungen der Landnutzung; heute erwarten wir globale Änderungen. Die mit diesen Änderungen verbundenen Probleme wird der Mensch lösen, wie er es auch schon in der Vergangenheit tat. Er bestimmt die Lösungswege selbst.

6) Der erwartete Klimawandel sollte nicht mit den natürlich auftretenden, gewöhnlichen Extremereignissen des Wetters verwechselt werden. Da diese extremen Wetterereignisse von großem öffentlichen Interesse und oft genug auch mit ernsten Folgen verbunden sind, werden sie von Laien oft fälschlich als unverkennbare Signale der Klimaveränderung interpretiert. Einige Journalisten, Wissenschaftler und Politiker nutzen diese Fehlinterpretation für ihre jeweiligen Eigeninteressen.
7) Unser Jahrhundert ist wie bisher keine andere geschichtliche Periode durch den Einfluß der Wissenschaften und der Technik auf das menschliche Leben gekennzeichnet. Die Abhängigkeit von den Wissenschaften und technischen Artefakten wächst ständig. Ob es sich dabei um einen Segen oder Fluch handelt, hängt von der Sichtweise oder der Weltanschauung des Beobachters ab. Die einst zweifellos vorhandene Bewunderung moderner Wissenschaft und Technik, die Zufriedenheit und Zuversicht sind einer eher skeptischen Einstellung gewichen.
8) Auch das nächste Jahrhundert wird im großen Ausmaß Veränderungen in gesellschaftlichen Werten, Prozessen und Strukturen und in der Technologie sehen. Man kann und muß sich bei der Formulierung einer geeigneten Klimapolitik gerade auf diese vielschichtige Dynamik einstellen. Skepsis gegenüber den Chancen einer wirksamen Klimapolitik sind angebracht. Andererseits kann man aber auch zuversichtlich auf eine wissenschaftlich-technische Bewältigung des Klimaproblems hoffen, indem man etwa optimistisch ist im Hinblick auf leistungsstarke Filterung, alternative Energieformen oder Effizienzsteigerungen.

Wie sollen wir nun mit all diesen Informationen umgehen? Für die Wissenschaftler sollte es eine Herausforderung sein, Ernst zu machen mit der Interdisziplinarität der Klimaforschung. Wir brauchen eine „soziale Naturwissenschaft", die die Gesellschaft als Teil des Ökosystems Erde begreift, ohne dabei die nicht-mathematisierbare, interne gesellschaftliche Dynamik auf einen Umweltdeterminismus zu verkürzen.

Die dänische Königin Margarethe II. gab in ihrer Neujahrsansprache 1998 einen Ratschlag mit Augenmaß: *„Es wirkt manchmal unüberschaubar, wenn wir uns die vielen aktuellen Fragen des Tages vergegenwärtigen: es geht um die Verteilung der Ressourcen dieser Welt, um den Schutz der Umwelt vor Verschmutzung und Raubbau, um* CO_2*-Emissionen und die Löcher in der Ozonschicht. Die Sache wird dadurch nicht einfacher, daß auch die Experten Schwierigkeiten haben, einen Überblick zu gewinnen, geschweige denn Einigkeit über die Probleme zu erreichen. Wir dürfen uns nicht mitreißen lassen von sensationslüsternen Weltuntergangspropheten; wir sollen uns nicht wie aufgeschreckte Herdentiere von einer Seite des Pferchs an die andere treiben lassen, sobald Warnungen vor dem Wolf gerufen werden. Das wäre ebenso verantwortungslos gegenüber zukünftigen Generationen wie ein reines Zusehen. Wir können uns nicht der Beschäftigung mit den großen Themen der Zeit verweigern."*

6. Literatur

Andel, T. van, 1994: *New Views on an Old Planet. A History of Global Change*. Cambridge: Cambridge University Press.

Cotton, William R. and Roger A. Pielke, 1995: *Human Impacts on Weather and Climate*. Cambridge: Cambridge University Press.

Houghton, J. L., G. J. Jenkins and J. J. Ephraums (eds), 1990: *Climate Change. The IPCC scientific assessment*. Cambridge: Cambridge University Press.

Houghton, J. T., B. A. Callander and S.K. Varney (eds), 1992: *Climate Change 1992*. Cambridge: Cambridge University Press.

Houghton, J. T., L. G. Meira Filho, B. A. Callander, N. Harris, A. Kattenberg and K. Maskell (eds), 1996: *Climate Change 1995. The Science of Climate Change*. Cambridge: Cambridge University Press.

Kempton, Willett, James S. Boster and Jennifer A. Hartley, 1995: *Environmental values in American culture*. Cambridge, Massachusetts: The MIT Press.

Kutzbach, Gisela, 1979: *The Thermal Theory of Cyclones. A History of Meteorological Thought in the Nineteenth Century*. American Meteorological Society.

Martin, Goeffrey J., 1973: *Ellsworth Huntington. His Life and Thought*. Hamden Connecticut. The Shoe String Press.

Stommel, Henry M., 1987: *A View of the Sea. A Discussion between a Chief Engineer and an Oceanographer about the Machinery of the Ocean Circulation*. Princeton, New Jersey: Princeton University Press.

7. Register

Die ROBUGEN GmbH Pharmazeutische Fabrik in Esslingen am Neckar wurde im Jahr 1927 aus der über 450 Jahre alten Rats-Apotheke von Dr. Mauz gegründet.

Der unabhängige Familienbetrieb beschäftigt 100 Mitarbeiter. In Esslingen-Zell befindet sich ein Neubau für die Herstellung, Abfüllung und Konfektionierung von Arzneimitteln nach internationalem GMP Standard mit Reinraumtechnik. Daneben arbeitet eine eigene Arzneimittel Forschungsabteilung mit modernen Kontrolllabors; sowie die Verwaltung und Vertrieb, welcher über einen wissenschaftlichen Außendienst für die ärztlichen Fachkreise und Apotheken in der ganzen Bundesrepublik tätig ist. Eine eigene besonders gezüchtete Kamillensorte RobuMille® wird in Thüringen auf über 400 ha großen Feldern angebaut.

Die überwiegend pflanzlichen Arzneimittel der ROBUGEN GmbH werden wegen ihrer hohen Qualität, Sicherheit und Wirtschaftlichkeit von Ärzten verordnet und empfohlen und sind in jeder Apotheke in der ganzen Bundesrepublik erhältlich.

Unter dem Eindruck stets neuer GesundheitsModernierungsGesetze (GMG) hat die Robugen sich zusammen mit Ihrem Partner der Firma Schaper & Brümmer-Salzgitter, einem ebenfalls unabhängigen mittelständischen Familienbetrieb und Hersteller hochwertiger pflanzlicher Präparate zusammengeschlossen um in der ärztlichen Beratung sowie bei den Apotheken zu kooperieren.

Bisher bei ROBUGEN erschienen:

Bitte kreuzen Sie Ihre gewünschten Bücher mit Nummer (x) an, die wir Ihnen gerne zukommen lassen – solange Vorrat an Restexemplaren noch ausreicht.

- ❑ 1. Konrad Lorenz: Über die Aggression (dtv-Verlag)
- ❑ 2. P. Wiench: (Hrsg): Über bedeutende Ärzte der Geschichte (I)
- ❑ 3. (orig. „Die großen Ärzte“ Droemer Knaur-Verlag, München) und (II)
- ❑ 4. Hans Schadewaldt: Über die Rückkehr der Seuchen
- ❑ 5. Dieter Kerner/Hans Schadewaldt: Über große Musiker
  – *geringe Restbestände* (I)
  medizinische Biographien bedeutender Musiker
  (Schattauer Verlag, Stuttgart.) und (II)
- ❑ 6. Ernst-Peter Fischer: Über das Unternehmen Wissenschaft (I)
- ❑ 7. Biographien bedeutender Naturwissenschaftler
  (Piper Verlag, München 1995) und (II)
- ❑ 8. Stephen W. Hawking: Über das Universum
  (orig.: „Eine kurze Geschichte der Zeit“, Rowohlt Verlag, 1991)
- ❑ 9. Wilhelm Weischedel: Über Philosophen
  (orig.: „Die philosophische Hintertreppe“ dtv-Verlag)– *vergriffen*
- ❑ 10. Vitus B. Dröscher : Wie Tiere sich zu helfen wissen – *vergriffen*
- ❑ 11. Über Tierwunder in der Bibel
- ❑ 12. Wie Tiere Umweltgefahren meistern
- ❑ 13. Über Verhaltensweisen von Mensch und Tier (alle dtv-Verlag)
- ❑ 14. Phillipeit/Schwartau: Über Chemie im Kochtopf
- ❑ 15. Gerhard Prause Tratschke: Über die Schwächen der Genies
- ❑ 16. Über Genies in der Schule (Econ & List Verlag)
- ❑ 17. Dieter Walch: Über das Wetter (econ Verlag)– *vergriffen*

Bitte teilen Sie uns mit, ob Sie weiterhin ein Buch von uns erhalten wollen.

- ❑ ja, ich möchte weiterhin ein Buch von Ihnen erhalten
- ❑ ja, ich möchte weiterhin einen Jahres-Kalender von Ihnen erhalten
- ❑ Nein, ich wünsche keine Zusendungen mehr

Ihren Stempel bzw. Adresse **Unterschrift**
an Fax Nr. 0711/36 74 50